コンサルを超える問題解決と価値創造の全技法

# 麥肯錫×BCG
# 創造價值的問題解決力

職場人士必學的15大技術，
建立無可取代的專業能力

名和高司——著
游念玲、童唯綺——譯

# 前言

進入二十一世紀至今的十幾年間，過去未曾見過的商業書籍迅速傳播開來，成了熱門的暢銷書，其中的先鋒者便是由照屋華子所著的《邏輯思考的技術》（經濟新潮社於二〇二二年出版繁中版經典紀念版）。

而後還有內田和成著作的《假說思考》（經濟新潮社於二〇一四年出版繁中版）、渡邊健介著作的《解決問題最簡單的方法》（時報出版於二〇一七年再版繁中版）等暢銷書籍陸續問世。現今商務人士所具備的各種「技法」、「思維」等常識，對當時的商務人士而言，仍是相當新鮮的事物，人人無不求知若渴的學習新知，而這樣的態度與作風便延續至今。

然而方才列舉的《邏輯思考的技術》的作者照屋華子、《解決問題最簡單的方法》的作者渡邊健介，兩人都來自美國的麥肯錫公司（McKinsey & Company）。而《假說思考》的作者內田和成則是波士頓顧問公司（Boston Consulting Group，簡稱ＢＣＧ）的日本代表。

獲得ＭＢＡ[1]學位的商務技巧書籍作者們，多半都曾在美國的麥肯錫公司或波士頓顧問公司等外資企業擔任過顧問工作。

本書的第一個任務，便是介紹這些以各式各樣形式，流傳在世間的麥肯錫和波士頓的「技法」及其思維方式。我曾在麥肯錫公司任職將近二十年（後面有將近十年的時間擔任指導職），也曾在波士頓顧問公司擔任過六年的資深顧問，我會從基礎理論開始介紹到應用層面，將整體藍圖一次性展現在各位眼前。

與此同時，我也會一併說明現在顧問（以下將麥肯錫及波士頓等外資系統的企業戰略顧問公司簡稱爲顧問）所面臨的極限及未來展望，並向讀者介紹超越顧問的思考法及發想法。

比較麥肯錫和波士頓顧問公司這兩家公司，他們用來解決問題的分析方法，以及接近問題本質的做法，其實有著驚人的相似性。但在客戶管理方面，即激勵對方使之全心投入的方式卻是迥然不同。

詳細內容會在第一章說明，但簡而言之，波士頓顧問公司的作風是鼓勵客戶自己逐一解決問題，而麥肯錫則奉行標準框架，任何人都能藉此提出相同的答案。

由於兩者採取截然不同的做法，因此習慣麥肯錫方式的人會認爲麥肯錫比較高明，而習慣波士頓顧問公司的人則更加讚賞波士頓顧問公司的方式。極少有顧問能同時待過這兩家公司，更何況曾見識過這兩者的巔峰狀態，至今爲止我應該是唯一的「見證人」，這就是我認爲自己必須寫這本書的理由。

## 從問題解決者到機會發現者

然而顧問究竟扮演著什麼樣的角色?做什麼樣的工作呢?

首先，我們應該可以將其定義為「問題解決者」。一家企業之所以會聘請顧問，通常是因為發生了「問題」。當公司的營運狀態良好時，便不會有委託的需求。這就好比人們自覺有病後才會去看醫生一樣。

顧問的基本工作，是徹底查明病人生病的原因，提供治療的方式，再引導病人回復到健康狀態。總而言之，就是使人從病態恢復到正常狀態，套用在企業上便稱為企業重生。

然而，大病痊癒後，了解如何擁有快樂的人生、如何展開更合適的企業戰略，這些原本就是很重要的任務。換句話說，顧問的工作也要一併思考，如何才能使企業重生後變得更加茁壯。總而言之，顧問是**「機會發現者」、「最善於利用機會的人」、「成長促進者」、「價值創造者」**。

遺憾的是，顧問至今仍離不開「問題解決者」的範疇。但今後若要持續發展顧問領域，就必須成為一個「機會發現者」。

## 本書的結構

本書由三個部分組成：

1. 顧問的基本技法。
2. 超一流顧問的高超技能。
3. 以顧問爲目標，超越顧問。

第一部包含「問題解決力」、「假說構築力」、「衝擊力」、「分析框架力」等等。藉由商管書的標題，將常見的基本技巧整理爲前八個章節，這些屬於**「問題解決者」**的部分。除了一橋大學商學院的MBA課程內容外，也首次公開EMBA授課資料。

現在的顧問皆以這些基本技法作爲主軸，但光有這些還不夠，遲早會被AI所取代，例如：日本的Pepper機器人[2]便能解決不少問題。因此接下來上場的第二部是應用篇。

一旦開始著手解決問題，就會察覺到潛藏在各企業表面下，各種五花八門的眞正問題，有些甚至無法利用基本技法來進行分析。那麼我們該如何解析這一類的問題呢？此時我們終於來到Pepper機器人辦不到的領域了。

同時邁向**「機會發現者」**的道路也由此開啟。在第二部中的許多內容，是年輕時我從大前研一先生那裡學到的知識。

最後的第三部將針對個人、有志於創業者、人際溝通能力等主題詳加說明。如何將第一部、第二部學會的技能活用出來？個人或企業爲何要具備顧問能力？更進一步來說，個人的生存目的、企業的存在目的是什麼？

接著我要向從事社會企業的人士提倡使用顧問手法來解決社會問題。事實上，現在有不少人在離開麥肯錫公司後隨即投身社會企業，成功創辦了資金寬裕、不同於過去非營利組織（non-profit organization，簡稱NPO）型態的企業，他們利用麥肯錫的方法爲社會帶來貢獻。在美國的年輕世代中，由優秀人才帶領創辦社會企業已成爲當前的主流趨勢。

在所謂第四次工業革命[3]的浪潮中，唯有不斷變化、持續變革的企業才能生存下來，因此需要有人推動企業的改變。我在顧問公司裡經由不斷試錯之後，所形塑的思考方法和工作技能，將在各式各樣的場合中派上用場。

無論是未來以顧問爲目標的人、希望將顧問技巧應用在公司裡的企業或公共團體的管理幹部、一般商務人士、大多以半志工身分投身社會企業的人士，希望各位都能閱讀本書。

這本書若有幸對個人的成長、所屬組織的發展，甚至是日本的產業界和社會發展，做出一點點微薄的貢獻，將讓我深感榮幸。

名和高司

## 第三章 假說構築力：「假說思考」 

## 第二部　超一流顧問的高超技能　273

## 第三部——以顧問為目標，超越顧問 369

# 第一部

# 顧問的基本技法

第一部會先從論點思考、假說思考、衝擊性思考（impact thinking）等，顧問所應具備的基本邏輯思考出發，進而向各位介紹ＭＥＣＥ分析法、安索夫矩陣（Ansoff matrix）、波士頓矩陣（BCG matrix）、麥肯錫７Ｓ模型（McKinsey 7-S framework）等顧問的基本技巧。即便作爲一本問題解決的基本技法集，這些內容也會給顧問帶來莫大的幫助。

然而，若僅僅如此，市面上早已有許多非常相似的書籍，實在沒有必要特地再寫一本新書。事實上，如果依照理論來操作基本技巧，就連ＡＩ也能勝任，問題在於有很多顧問只會照著理論操作，而不知隨機應變。

本書在介紹基本技巧的同時，也會討論其局限性，並說明如何超越局限性的技巧的應用方式。

# 第一章

# 問題解決力

## 「在商學院學不到」的知識原點

在本書的「前言」中，我們將顧問這個職業定義爲「解決問題的人」。那麼何謂「解決問題」？爲何這會成爲一門固定的手法？接下來我就從這裡開始講解。

首先，大家知道在商學院中並不教授學生如何「解決問題」嗎？美國的史丹佛大學教導學生批判性思考和邏輯性思考，即使學會了這兩種技能，仍然無法解決問題，因爲那只是運用頭腦的一種方式罷了。

**「解決問題」如同一門綜合藝術**，就算掌握了其中的一、兩項技術，也不會成爲一名合格的專業人士，然而它也不屬於「學術」的範疇。「解決問題」是一種極度需要「跨學科」

的領域，因此以調查、分析、研究見長的研究所課程本來就不適合這樣的領域。

**要學習如何「解決問題」，親身實踐會比學術上的研究更有效率**。然而商學院中基本上都是由學者執教，要那些只懂學術的學者們解決實際的商務課題或企業的現實問題，無異是緣木求魚。

他們只會讓問題變得愈來愈複雜、愈來愈困難，卻無法解決問題。如果遇到符合自己學說的案例，或許能快刀斬亂麻的解決問題，但幾乎多數的問題都相當錯綜複雜，很難完美的符合學說。如果強行套入學說當中，那便無法正確的解決問題。**學者是無法教導我們如何解決問題的**。

在哈佛大學等歐美一流的商學院中，不乏像麥可．波特[4]這樣本質上擁有顧問實學的教授群，但他們總不免會將商務案例強行套入自己的學說中，若不符合學說便拒絕接受。

還有一點，在商學院中，也很難隨機應變組合各種學說和技巧後，再加以靈活應用。不管是市場行銷還是財務金融，無論從任何一個切入點，都有各個領域的專家抱持著各自的方法論。但是**實際面臨問題時，並非單純的貼上「市場行銷」或「財務金融」的標籤就可以解決**。如果問題涉及到財務金融、市場行銷、創新、領導力等方面，就必須集結各領域的教授一起合作。即便這麼做，像日本東芝（Toshiba）所面臨的課題仍是完全無法解決。

順道一提，其實日本東芝的董事會成員中就有企業管理的學者坐鎮，雖然他在學者當中已經是思緒較靈活的人，但仍舊無力解決問題。

## 新人顧問的第一堂課——問題解決力一週密集講座

在多數的情況下，人們所面臨的問題並不是貼上個標籤那麼單純。要真正解決問題，便如同前文所說的，是一種綜合藝術。運用手上所有的資源，從各個角度**進行邏輯性的推演，最後超越固有的邏輯**。

換句話說，便是綜觀整體的狀況後，從中取得一種平衡。**這是一個需要具備某種直覺及感性的領域**，關於這個部分，接下來且容我娓娓道來。

正因如此，現實中的問題，不能只靠著平常解決問題的邏輯和技巧便可得到滿意的效果。但是若說不需具備這些邏輯和技巧，也絕非我的本意。

我現在所談論的「平常解決問題的手法其局限性」，是基於你已經了解，並且具備一般的問題解決手法，得在這個前提下才能討論。換言之，雖然這不是充分條件，卻是必要條件。如果不了解一般的問題解決手法，那麼很抱歉，我們沒有辦法繼續討論下去。

因此無論是在麥肯錫還是波士頓顧問公司，首先就是灌輸給新人基本的問題解決手法。而本書的第一部，便是將那些新人們學到的內容也灌輸給諸位讀者們。

事實上，我在自己任教的一橋大學商學院，也曾試著花兩年的時間舉辦過問題解決力一週密集講座。本書第一部「顧問的基本技法」，可以說是首度在書上披露了密集講座的內容。

然而，剛才也說了是「兩年」的時間。既然這在商學院是個劃時代的課程，對學生而言也該是寶貴的學習機會，但卻僅僅兩年便停辦了，這是什麼原因呢？

無論是教授還是學生都對這堂課發出了兩種極端的評價，有人相當認同課程的重要性，但也有人覺得毫無幫助。前者大多是一些懷抱著顧問志向或想創業的人，他們喜歡靠自己的頭腦思考琢磨。而後者給予負面評價的理由是：「課堂上得不到正確解答，覺得沒學到東西。」實際上，這樣想的人比較多。

然而，**現實中的商務課題，是不可能有唯一正解**。更進一步來說，這種技能本身並不是經過一週的學習就能馬上運用自如的，必須累積豐富的經驗，並不斷實際歷練，才能眞正有能力運用於各種情況。

事實上，這個故事還有後續。對密集講座給予負面評價的學生們再度回到社會上工作之後，皆紛紛向我表示：「在一橋大學商學院最有用的課程，就是問題解決力講座。當初我對沒有正確答案感到不滿，但直到現在才明白，唯有學會了自己找尋答案的方法，才能眞正應用在工作上。」也有不少學生對於講座停辦一事深感遺憾，所以從二〇一七年開始，我們在EMBA課程中再度開辦了問題解決力講座。

事實上，對於想成爲頂級人才、高級管理階層的人而言，問題解決力是必要科目。不過，我要重複再說一次，此時可以指導你的人，大概只有資深顧問或身經百戰的企業經營者。從學術路線一路上來的學者們很難滿足你的需求。因爲這是個講求經驗的世界，解決問題的數量多寡便說明了一切。

# 「問題解決」的兩大要素——分析力與構築力

前文中曾提及，解決問題是一門綜合藝術，需要具備各式各樣的能力，但總體而言，大致上可分為**「分析力」**及**「構築力」**這兩項。

澈底分析是解決問題的重要要素。**面對一項無法處理的龐大課題時，只要不斷分解其中的要素，便能逐漸靠近問題的本質**。就如同重病時要仔細的將軀體解剖開來，才能弄清楚病原為何（課題的本質）。不擅於分解要素，而是以模稜兩可的心態來理解課題的人，就很難貼近本質。

令人意外的是，顧問所運用的問題解決基本技法具有共通性，例如：MECE分析法、邏輯樹（logical tree）分析、反覆詢問五次「為什麼（Why）？」等等，基本上方法完全相同。關於這些方法，我會在下一章依序做說明。

然而這些所謂的「分析」，只不過解決了一半的問題。即便明白了問題所在，若不知道去除的方法，實際上也沒有能力加以去除，依然無法解決問題。**僅是以邏輯方式來證明問題的存在，面對問題依舊束手無策**。

事實上，企業所面臨的問題如同生物上的問題一樣，在絕大多數的情況下，都不是動手術切除就能解決。當中牽涉到種種複雜的情形，繁複糾結。如果切除了其中一個組織，便可能會造成整體的崩潰。也有可能我們以爲的問題並非眞正的問題，而是另有其他根本的原因，導致切除後又再度復發。

總而言之，**這並非單純某一部位出了問題，而是像複雜性骨折那樣曲折繁複**。

那麼我們該怎麼做才好？關於這點，接下來的「構築力」便扮演著重要的角色。一旦我們明白了問題的本質，就要採取不同的方案來解決問題。

# 心理大於真理

透過分析，就能在某種程度上確定組織的問題，並決定解決的方法。最重要的地方就從這裡開始，從這裡進入「實行」的階段，正是所謂「實行大於策略」的世界。這個階段所面臨的最大障礙會是什麼呢？

因爲這是非常人性化的領域，**確定問題屬於「自然科學」的範疇，就連AI也能夠勝任，但之後就會涉及到「心理學」的領域**。接下來就讓我簡單的說明。

爲了實際落實，每個人都必須用盡心思想出各種方法來解決問題，但是當我們試圖改變某些事物時，總會有人覺得自己正在做的事情遭受到否定，於是出現反對的聲音。實際上，有些人的既得權益可能會受到損害，因而形成所謂的抵抗勢力。

即使不至於如此，但人基本上不喜歡改變。二〇一七年獲得諾貝爾經濟學獎的理查．塞勒[5]教授便提出人類傾向維持「現狀偏差」[6]。抵抗改變的方法很多，有些人從正面提出反對意見，有些人私底下策動反對派活動，有些人怠工抗議等等。

即便我們明白問題所在，但要解決問題，就需要採取不同的策略。

企業組織與人體一樣，必須仔細觀察周圍細胞的關聯性，在保持平衡的狀態下，如中醫治療般對整體進行修復及調整。**企業要提出一套策略，驅使全體成員願意合力打破現狀，這是必不可少的步驟**。

此時需要的是「構築力」——要解決哪些問題？解決的順序爲何？誰該參與其中？該扮演什麼角色？——種種構思所運用到的心理學更甚於邏輯學。

因爲在某種程度上這得建構一個「相信我」（believe me）的世界，讓大家相信這麼做絕對會朝正確的方向前進。**此時不光要運用邏輯，還得重視每個人的意見、情緒，並賦予大家動機**。倘若不這麼做，就不能將大家的心凝聚在一起，而無法凝聚大家的心，便無法解決問題。

構築力不僅限於顧問工作，包含各種學界及商務人士平常都這麼做。如果光靠邏輯就能讓人自動自發的行動、解決問題，那麼前述提及的ＡＩ和機器人也能辦得到（話雖如此，但人類的行爲原本就會產生複雜的「問題」呀……）。**大肆宣揚自己的正確論點，是無法展開實際的行動**。

也許是因爲了解這種狀況，商學院最近也成立了一門名爲「通用管理」（general management）的奇怪學科，它涉獵的範圍相當廣，從領導力等涉及人的問題，乃至於金錢相關的問題都涵蓋在內，其目標是建立一套綜合性的解決方法。但就作爲一門學科而言，其可行性令人存疑。

**事實上，符合邏輯的答案並非只有一個，既然未來不能百分之百預測出來，那便可能會有許多答案。**

**關鍵不在於提出最正確的答案，而是使當事人相信這個答案，並採取實際行動。**

**無論是多麼正確的答案，如果當事人認爲自己做不到，那就沒戲唱了。儘管是繞遠路，但若當事人認爲自己能辦得到，那就能朝著目標前進。**

所謂的當事人就是在現場的人，新的道路便由此處開啟。

# 以事實為基礎的麥肯錫與重視心理的波士頓顧問公司

策略顧問業界的兩大巨頭分別是麥肯錫及波士頓顧問公司（以下簡稱為BCG及波士頓顧問），這兩家公司在許多方面經常被拿來進行比較。

**麥肯錫的特色是以事實作爲基礎**，這家公司擁有非常出色的制度，他們以固定的形式蒐集與案件相關的事實[7]。即便是新人也能做出正確的分析，並從中推導出答案。原則上一個專案只要花三個月的時間便能得出解決方案。

麥肯錫的顧問團隊是由一位資深主管搭配數名年輕顧問，素質相當整齊。他們的招牌模式即：**「每項專案皆以事實爲基礎進行三個月的調查、分析，隨後擬定策略便宣告完工。」**

**問題解決原本是一門綜合藝術，但透過這種方式很容易止步於分析層面**。不僅新人如此，就連資深主管也缺乏企業經營或其他各行各業的學問，因此容易倚賴分析的手段。在即將到來的未來，這項能力將不敵ＡＩ。

大前研一從前作爲麥肯錫的日本代表，在日本拓展顧問事業時，情況並非如此，顧問並不單純是做分析的人。隨著時間的推移，顧問工作變得愈來愈專業，當「問題解決」與「邏輯思考」劃上等號時，最重要的部分就消失了。

在我看來，**邏輯思考原本只是解決問題時的前提，但如今卻成了一切**。

堀紘一作爲波士頓顧問公司的日本代表，其風格與麥肯錫截然不同。**一個專案花費三年時間解決是很常見的情況**。負責案子的顧問會進入委託方所在的企業中，**親自陪伴員工們試行各種方案**，直至找到解決問題的方法。

在這個過程中，波士頓的顧問會懷抱著強大的耐心，等待委託企業的員工們自己發現問題。這與三個月後便放手讓客戶自行運作的麥肯錫有很大的不同。

# 分析課題與確定問題的手法毫無差別

那麼這兩家公司的「不變本質」是什麼呢？就是**在進行前期顧問工作時，是否能挖掘出企業所面臨的「真正課題」，這便是勝負的關鍵**。

在這裡我向大家透露一項顧問祕技。在確認問題時，**委託企業會提出某項待解決的問題向顧問尋求諮詢，但顧問通常會假設真正的問題不在這裡**，而是另有隱情。

就我的經驗來說，幾乎百分之百都被我猜中了。

例如有些提出顧問委託的公司負責人，自己本身就是企業裡最大的問題，這種情形絕不罕見。作爲一名顧問，是否能一步步逼近隱藏於表面背後的問題本質，這就是顧問的本事了。

由此可知，顧問不能馬上對客戶提出的「問題」給予解決方案，而**應該反覆思考「什麼是眞正的問題？」**

我們要經常告訴自己：「現在我要解決的一定不是眞正的問題。」不斷接近眞正的問題。

這便是麥肯錫和波士頓顧問兩家公司共通的顧問「本質」。

## 一開始就給答案的麥肯錫 vs. 讓對方自行找答案的波士頓顧問公司

那麼這兩家公司有何不同？答案是前面提及的「心理學」部分。

假設我們已經找出了眞正的問題本質，只要解決方案是正確的，人們通常會認爲自己已經解決了大部分的問題。不過，如果委託企業打從心底不認同這種解方，那就不可能成立。

委託企業接受了顧問提出的解方後，得公司全體上下一心的「實施」這份解決方案，才能夠解決問題。因此**如何引導客戶「眞正理解」顧問所提出的解決方案，此時便極爲重要，而這就涉及到「心理學」**。

那麼麥肯錫和波士頓顧問如何誘導他們的客戶呢？

**麥肯錫會在一開始就給出答案**。即使通往解決的道路既漫長又複雜，他們也會挑明所有事情直接表達，並**有邏輯的表現出課題的本質**。如果課題的本質是在於對方的情緒問題上，他們也會邏輯性的傳達，例如：「問題在於社長沒有決斷力」等等。

如此一來，誠如各位所見，對方很難坦然的聆聽並接受。就對方的角度而言，一旦答案愈正確，就愈引起他們的反感——「你說的確實沒錯，但像你這樣沒有企業經營經驗的小毛頭，沒資格對我說這種不負責任的話」諸如此類。這麼一來，客戶好不容易撥出金錢與時間所得到的解決策略，也就無疾而終了。

相對之下，**波士頓顧問不會在一開始就提出解方，而是運用高明的技巧引導對方自己找出答案**。畢竟雙方要花三年的時間一起走完這條路，還有充分的時間。因此**他們會將分析結果的報告、提案，用對方容易接受的方式表達**，使對方與他們有相同的看法。

他們明白，如果無法取得對方的共識，對方絕對不可能實施解決方案。事實上，當對方愈來愈有幹勁之後，結果就能將對方引導到正確的方向。

然而有些客戶以爲是自己找出解方，因此可能會對顧問的能力抱持質疑的態度；而有些人並不喜歡顧問採用這種迂迴的解謎方式，甚至可能會不耐煩要求顧問直接說出結論。

就像這樣，儘管在邏輯分析、定位客戶的課題本質上，麥肯錫和波士頓顧問的能力旗鼓相當，但他們採取解決策略的手法卻有著一百八十度的巨大差異。若要說何者更加巧妙活用「心理學」，很顯然是波士頓顧問棋高一著。

不過這裡談論的波士頓顧問，是由堀紘一所帶領的日本波士頓顧問公司，並非所有的波士頓顧問都具備這種特質。包含美國在內，生意遍及全球的波士頓顧問和麥肯錫一樣，採用的都是理論重於實踐的做法，而不像日本的波士頓顧問那般牽涉到微妙的人性，因此日本可說是一座非常獨特的顧問孤島（因而在日本波士頓顧問公司工作的人就會一直待在日本，不適用於國外公司）。

試問，如果你是企業經營者，會選擇哪一家顧問公司呢？

波士頓顧問所面對的批評聲浪，主要是因爲他們爲客戶量身打造解決方案，這麼一來直到最後都可能無法充分激發對方的潛力。確實，如果不持續要求對方提高水準，最終很可能只做到解決方案的七成便宣告結束。

那麼選擇一開始就展現出高門檻的麥肯錫會比較好嗎?這點見仁見智，鑑於我曾看過不少企業的實施進度，甚至未能達到解決方案的一成，對於這點我抱持著懷疑的態度。

然而，在創新速度不斷加快的現代社會，人們或許很難像波士頓顧問這樣，慢慢等上三年的時間解決問題。**要花三個月完成一成，或者花三年完成七成**?這就是企業面臨的抉擇。

下一章將會詳述麥肯錫和波士頓顧問的相異之處。

## 本章重點整理

- 解決問題是一門綜合藝術。
- 你認爲的「問題」只不過是一種現象，而非問題的本質。
- 若要解決問題，除了具備分析力之外，關鍵在於構築力。
- 因此我們不僅需要有追尋眞理的邏輯力，還必須具備探索心理的洞察力。
- 答案不只一個，唯有實際執行後才能找到答案。
- 對於企業而言，講究事實基礎的麥肯錫派和重視心理學的波士頓顧問派，兩者的差別在於選擇花三個月完成一成，或選擇花三年完成七成。

# 第二章

# 設定課題的能力：「論點思考」

# 一開始的「課題設定」即為成敗關鍵

以麥肯錫爲首的顧問公司，其解決問題的方法大抵會依循以下的順序（圖1）：

步驟一　定義問題
步驟二　分解問題
步驟三　設定優先順序
步驟四　擬定分析方法
步驟五　進行分析
步驟六　整合發現的內容
步驟七　提出問題解決方法

[圖1]

**解決問題的七個步驟**

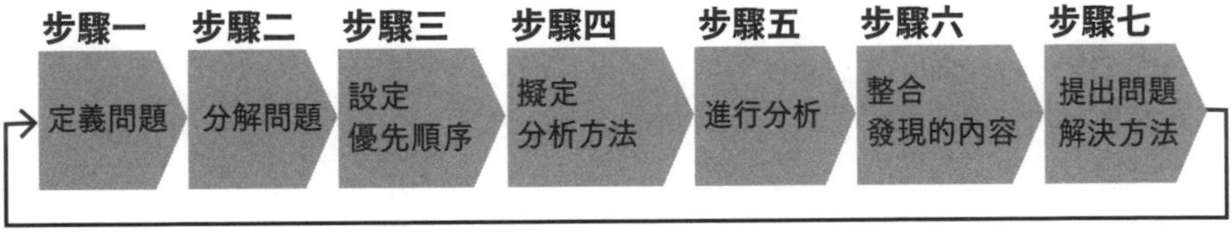

在這七個步驟當中，最重要的是前兩個步驟：

**步驟一　定義問題**

**步驟二　分解問題**

換句話說，**「課題設定」能讓我們在最後精確的辨識出問題的本質**。如果這個步驟能順利進行，就**解決了五〇%的問題**。

當然，對於那些抱著應試心態的人而言，這兩個步驟也許出乎意料的困難。因爲他們習慣解決既有的問題，而不習慣自己設定問題。

但是**倘若一開始的課題設定沒有做好，之後無論多麼努力也抓不到重點**，更無法貼近問題的本質。由於最初的五〇%進行的不順利，想當然耳便無法完成剩下的五〇%。由此可知課題設定的重要性。

# 硬幣的反面依然無解

解決問題時，人們經常陷入顧問用語所說的「擲硬幣」陷阱中，純粹用「硬幣的反面」來交差了事。

舉例來說，假設「目前出版界和敝公司的問題是退貨率太高」，因此就要「降低退貨率」，像這種答案什麼也無法解決，只不過是把問題反著說而已。無論是營業額下降還是退貨率上升，都只不過是一種現象而已。其實我們想知道的是引起這種現象的問題本質。

人們常見的迷思是列出五十個「現象」後，再試圖一一解決。但在問題本質並不明朗的情況下，即便這麼做，也不可能成功。

# 尋找問題的鎖喉點

那麼我們該怎麼做呢？

首先，我們要從現象中明白問題的結構，只要能看見結構，就會知道該從何處下手解決問題。

具體而言，是將列舉出來的現象中具有因果關係的事物串連在一起，然後再找出根本的原因。

而那個根本的原因，在顧問用語中稱爲「鎖喉點」。

所謂的鎖喉（choke），意思就是使人喘不過氣來，是一個格鬥用語，也就是掐住脖子的格鬥技巧（在摔角是犯規動作，但在柔道卻是實打實的必殺技）。鎖喉點便是掐住咽喉點的意思。

人的咽喉一旦被掐住就會動彈不得，因此我們必須先鬆開這個地方。不過由於咽喉被掐住後會導致末梢神經產生障礙，因此人們往往會採取症狀療法，去治療那些顯而易見的症狀，最後卻什麼也沒有解決。

究竟是什麼東西掐住了咽喉？如果消除「特定因素」就會使人再度生龍活虎，那個「特定因素」又是什麼呢？顧問的工作正是找出這個鎖喉點，而這便是顧問的高明之處。

以方才提到的出版社爲例，或許不顧一切追求業績的成長便是鎖喉點。明明實力不足，卻要在一年內立刻達到二〇〇%的成長率，這就是鎖喉點。此時的解決方式便是延長時間軸，或是招募一群有實力的成員進入經營團隊。

# 「從議題開始思考」

就像這樣，只要明白鎖喉點的位置，看清楚問題的本質，隨後的處方箋就很簡單了。方才我們提過，如果課題設定這個步驟正確無誤，等同於解決了五〇%的問題。關於實際努力方面，即使尚未達到五〇%，也要花相當長的時間去達成目標。

我在麥肯錫有近二十年的工作經驗，期間曾遇過一位問題解決力最爲卓越的顧問，那就是安宅和人[8]（現爲雅虎策略長）。他著有暢銷書《議題思考》（*Issue Driven*），最近也以數據科學家的身分而聞名於世。當他在麥肯錫擔任實習生指導工作時，總是將五天之中的兩天用於「課題設定」上。

他會在整整兩天中處於閉關狀態，與實習生反覆討論以下問題。

「問題的本質是什麼？」

「那項議題表現出什麼樣的結構？」

當他提問後，往往會遇到質疑的聲音：

「咦？不需要蒐集事實嗎？」

「不是該先看看現場情況嗎？」

「科學家應該捨去先入爲主的觀念，從眞實的現象中發現事物，這才是科學方法吧？」

然而這點並不正確。虛心的看待事物雖然聽起來很理想，但實際操作時卻會看見太多形形色色的事物，以致於最終分不清楚什麼是本質。

**其實科學家必須先設定假說後，再對現象進行觀察**。一旦決定了事物的本質，而後便戴著這副「有色眼鏡」來觀察現象。

此時，偶爾會出現一發正中紅心的情況，但大多數情況下都不會射中目標。因此刻意扭曲現象，以符合自己期待的是政治家或官僚（？），**而科學家會重新擬定「假說」**，這麼做才會愈來愈接近正確的假說。實際上，科學家們往往是因爲這樣才取得了世紀大發現。

# 狗兒散步雖然也會遇到好事……

安宅所提出的「狗兒散步也會遇到好事圖」（**圖2**），正表達出這項設定假說以接近問題本質的做法。

・「議題度」即為問題的本質程度。
・「解方品質」即為將模糊的事物聚焦至清晰的程度（解析度）。

「狗兒路線」這條虛線代表專注於眼前的事物，逐一探尋本質的位置。另一方面，實線所展現的做法則是在一定程度上縮小目標範圍，在一片模糊中漸漸凝聚焦點。

「狗兒路線」雖然能讓人清楚看見眼前的事物，但同時也看見了太多與問題不相干的內容，反而更難分辨問題所在。儘管最終仍有可能找到問題的本質，但這種方法太過於碰

[圖2]

**從議題（問題的定義）開始思考!?**

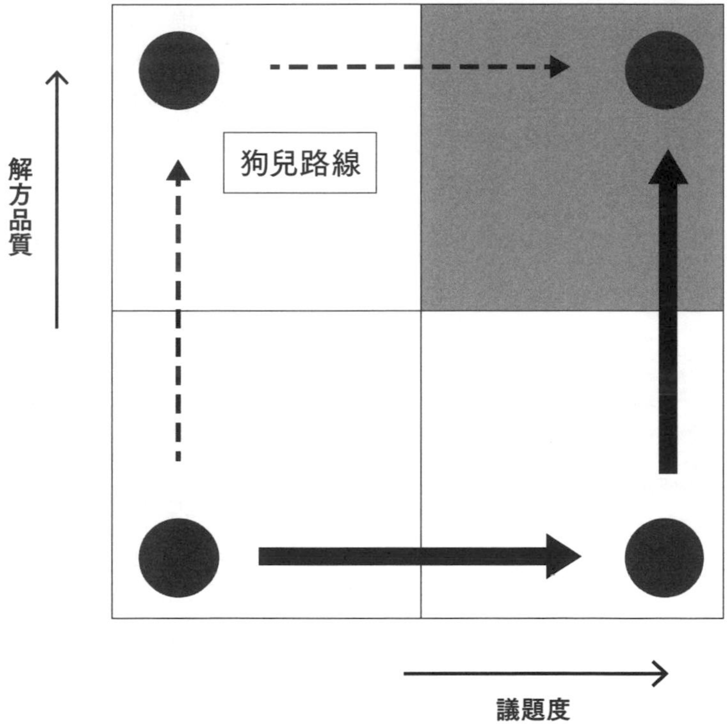

運氣，實際上並不保險。

舉例而言，即使人生病了，也沒有必要做全身性的精密檢查，醫師通常會根據症狀設想病因（病原），再進行相關的檢查。

解決問題也是如此，一開始先擬定「議題度」，也就是對問題的本質提出假設，然後再對問題進行澈底的調查，提高解方的品質。倘若能夠這麼做，遠比輕率魯莽到現場勘查會更有效率，也更能確實找到問題的本質。

# 別企圖把海水煮乾

「狗兒路線」的問題點不僅在於沒有效率，而且由於接觸到的事物過多，使人分辨不出本質，這也是其困難點。我們顧問界經常用海底尋寶來做比喻。

假設海底某處沉睡著許多金銀財寶，你會用什麼方法尋找它們？

最糟糕的做法是將海水全部煮乾，這樣就能使海底顯露出來，在顧問用語中稱爲「boil the ocean」。這麼一來，海底的一切便一覽無遺。

但是事情眞的會那麼順利嗎？

這個方法的缺點不僅是花費大量的成本與時間，光是想像在海底做地毯式搜索的場景，就令人頭昏腦脹，著實是個效率拙劣的方法。

更糟糕的是，我們**還會看見一大堆不需要的垃圾**，結果就和在海底時一樣，很可能因爲漏看而錯失本質。

此時，倒不如**依照常識，從歷史文獻和資料中進行推測，再深入調查，這可說是最佳良策**。

大家或許會認爲這是理所當然的做法。然而，實際上很多人會想掌握一切後再做判斷，或在不了解問題的情況下直接前往現場，結果帶回各種不相關的訊息，然後再反覆進行無意義的討論。無論是在組織中還是在行政上，這都是相當常見的場景。

**我們不應該在所有的要素中尋找問題，而應該從一開始就擬定假設，然後進行深入的調查。**

**換言之，「從議題開始思考」是非常重要的思維。**

# 如何判斷議題程度？

那麼該如何使議題度往右推進，逐漸接近本質呢？其實這並沒有口頭上說的那麼容易，老實說有很大的比例來自於天賦才能。但是那樣說又太傷人，因此我要補充一點，我們可以藉由大量的經驗來彌補天賦上的不足。實際上，**透過不斷練習解決問題、累積經驗，我們就能逐漸提高直覺**。

提到解決問題，我就不得不舉出一個很有名的練習。

請大家想像一棟十層樓的建築物，裡面只有一臺電梯[10]。即使按下電梯按鈕，電梯也總是慢吞吞的才來，讓使用者焦躁不已，不斷向管理處抱怨並要求改進。如果是你，會怎麼解決問題？

首先，「再增加一臺電梯」是顧問公司會立刻打回票的答案，這太過於忽視成本與時間的考量了。「鼓勵使用者多加利用樓梯以增進健康」則稍有創意，但若總要徒步走三層樓以上，可就太辛苦了。

標準答案是「在電梯前設置鏡子」。這麼一來，大家就會在鏡子前整理服裝儀容，不再覺得等電梯是件苦差事。

第一次聽到這個答案的人或許會認爲這是在轉移焦點，但說到底，「問題」究竟出在哪裡呢？

許多人認爲「等待時間過長」便是問題所在，總想方設法縮短時間。可是如果能有效的活用等待的時間，等待時間就不再是惱人的問題。

**問題的本質並不在於時間的長短，而在於「無聊等待」的時間品質上。**

我們並沒有轉移問題，而是不受問題的表象所迷惑，直指問題的本質，這種做法就是「從議題開始思考」。

# 鎖定市場白地創造機會

這裡再舉一個例子，是從前史蒂夫・賈伯斯（Steve Jobs）很喜歡引用的一個故事。與其稱之爲問題，用「未來的機會」來形容或許更加貼切。

冰上曲棍球這項運動是以運動員將冰球打進對手球門的次數計分，次數愈多得分愈高，因此只要有人攔截到冰球，大家就會一湧而上。

韋恩・格雷茨基（Wayne Douglas Gretzky）是過去一位非常知名的冰上曲棍球選手，他總是朝著與大家相反的方向滑動，因爲那裡空曠無人。當攔截到冰球的選手要傳球給隊友時，隊友最好的做法就是在空曠的地方等待。

不出所料，每當格雷茨基一滑動，總會接到球，冰球會自動被傳到他自己創造的空間。

這個故事的精彩結尾告訴我們，**只要抱持著某種可能性的假設，創造出自己的場域，那就會眞正成爲現實**。

這的確像是賈伯斯會喜歡的故事。在大家蜂擁而上的地方展開激烈競爭，用競爭策略的術語來說，那就是遍地鮮血的**「紅海」**；而在空無一物的地方自己創造新的機會，就會獨占鰲頭，這正是所謂的**「藍海」**[11]！

這個策略聽起來似乎是理所當然，但若從頭到尾都以現況分析的角度來看，卻是一個極度沒有效率的方法。畢竟眼前的藍海可是一無所有，到一個空無一物的地方怎麼可能有所發展？但是若考慮到接下來的行動，那就會是最大的機會之地。

**「重要的不是那裡有什麼，而是接下來可能會有什麼」**——這句話深受賈伯斯的喜愛。

# 問題本身就是解決策略

大家都說賈伯斯擁有扭轉現實的能力。事實上，平板電腦原本是大家公認的難用，但經過賈伯斯的巧手後，竟然成爲既時尚又方便的工具，人人爭先恐後的使用，結果成了人們生活中的一部分。他的確在一個空曠無人的場域裡創造了嶄新的現實。

只要仔細分析，現象自然表露無遺。大家都看見選手們聚集在冰球周圍的混亂場面，但卻看不見解決混亂的方法。

**進入混亂的場面並不能解決問題**，如果想解決問題，就必須將球擊往空曠的地方。

一旦我們直接面對引發困境的原因，往往能消除這個困境。

舉例而言，如同日本的新聞報紙產業。從前遍及全國的報紙銷售商支撐起日本的報紙產業，但如今這些銷售商卻成了沉重的負擔。由於購買報紙的讀者減少了，因此銷售商數量較少的《日本經濟新聞》反倒比其他同業更加活躍，這多少有些諷刺的意味。

儘管目前銷售商的結構依然存在，但大家都隱約有所察覺，最終只不過是拖延時間，總有一天將不得不消失。如果為了銷售商的生計，而維持現有的產業結構，則會導致新聞社本身的崩解。然而新聞社卻無法與銷售商完全切割，至少現在還不行。

這就好比在那艘撞上冰山而沉沒的鐵達尼號上，想方設法更換椅子的排列順序一樣，是徒勞無功的。人們將目光轉移到問題本質之外的事物，僅從現象層面上應對，以為這樣便能倖存，結果反而成了一道催命符。

那該怎麼做呢？

談到鐵達尼號[12]，其實是有辦法讓乘客活下來的，各位知道是什麼嗎？只要將船駛向冰山並撞上去，再讓乘客下船在冰山上等待救援，這遠比跳入海中溺死要好得多。也就是轉換想法，**將冰山這個根本問題當作解決策略**。

如此說來，對新聞社而言，現在最好的策略不就是運用現有的資源，來支援即將展開的事業嗎？

既然問題在於銷售商，那麼銷售商本身就可以拿來當作解決策略。

## 反覆詢問五次「為什麼？」

倘若能夠精準的設定問題，那就會成爲答案所在。如果能消除造成當前亂象的眞正原因，就能解決這個現象。那麼該怎麼做才能設定好課題呢？

與其自己胡亂搜尋，期待像狗兒散步一樣巧遇好事，倒不如果斷的前往空曠無人的場域會更有機會。話雖如此，畢竟我們不是賈伯斯，就算果斷前進，選對地點的準確率也極低。無論經過多久，最終仍無法貼近問題的本質。

此時常見的做法是向自己「反覆詢問五次爲什麼？」。這是日本豐田汽車公司（Toyota）

用來持續改善製程的方法，相當有名。以下便是豐田汽車經常被提起的案例。

有一條產線經常發生問題，於是大家提出各種假設，在反覆詢問五次爲什麼的過程中，逐步尋找這條產品線出現問題的原因。最後得出的問題是：「爲什麼在這個部分會施加這道工序？」

如果不存在這條產線會怎麼樣？

誠如各位所想的那樣，結果豐田汽車拿掉了這道工序。

當產線出現問題時，豐田汽車的改善策略並非單純的更換椅子的排列順序，而是逐漸靠近問題的本質。這正是豐田公司「反覆詢問五次爲什麼」的精髓。

# 追根究底詢問「為什麼還做不到？」

假設我們已經問了五次爲什麼，逐漸靠近問題的本質，並且**明白「問題是什麼」。此時人們經常會犯的錯誤，是想要「去除問題」**，如同前例「硬幣的反面」[13]。**即使找到了問題的本質，但之前一直忽略不處理，想必自有其理由**，我們不應該認爲自己可以簡單的解決它。

同樣的，設定課題時，經常犯的錯誤就是提出「應該這麼做」的結論。「應該做○○」並不是解決問題的答案，只不過是一種「如果這麼做就好了」的期待心情。**我們十分清楚自己該怎麼做，但卻沒有那麼做，本身這就是個問題**。

**「Why Not Yet?」（爲什麼還做不到？）我們非得處理這個問題不可。**
**而思考「爲何做不到？」正是解決問題的關鍵所在。**

# 解決問題的四段方法

專業的顧問通常會提出四個疑問來解決問題。
首先，是What——**問題是什麼？**
接著，是Why——**爲什麼會發生這個問題？**
此時，不要一下子就提出How——如何消除問題？
而是思考Why Not Yet——爲什麼還做不到？

**最後，再提出How——該怎麼做才能成功辦到？**

爲什麼第三項提問「Why Not Yet」特別關鍵呢？

如果按照一般的三段方法，邏輯上便顯得淺顯易懂：

1. 發生了這麼一個問題。
2. 因爲某個特定的理由而非解決不可。
3. 因此應該這麼做。

然而，事實上我們多半在一開始便明白這些道理，即便如此卻仍無法解決，這才是問題所在。

**爲何本應該做到的事情卻無法完成？——這正是問題的本質。如果能看清楚這一點，那便是給How的答案。**

當我協助各類型的企業解決問題時，都會先讓對方回答這四個提問，其中最值得深入探討的莫過於「Why Not Yet?」這個部分。

「爲什麼現在還做不到？」——從這個提問中便能顯現出該公司的固有問題，倘若不從這裡下手，就會得到教科書式的常見答案。

這正是「Why Not Yet?」此一提問所具有的力量。

# 將問題（威脅）轉化為機會

如同「前言」中所述，企業之所以會招聘顧問，是因爲他們發生了問題。如果一點問題也沒有，企業是不可能想到要聘用顧問的。雖然解決問題是顧問的工作，但其實**光解決企業的問題，仍舊無法使企業重返昔日榮景**。摘除病灶延續企業生命的做法，只不過是一種緊急避難的手段而已。企業是否能比從前更加活躍，關鍵在於如何解決其本質上的問題。

換句話說，重點在於企業能否**將問題轉變爲成長的機會**。

將鐵達尼號撞上的冰山當作生還的途徑。當大家都說這裡有問題時，我們更要從中汲取靈感，思考如何從此處開闢出新的可能性。

並不是每個顧問都會使用這種方式。麥肯錫的顧問是一群使企業起死回生的專家，公司裡的主流派擅長利用各種方法讓生病的企業回復正常。

然而，**比起指出問題所在，展示一條能通往未來的新道路才是健全的做法**。因此當初我負責麥肯錫的人才招募工作時，採用的大多是機會創造型的人，而非問題解決型的人。

詳細的情形我會在第三部討論，但這裡培養了許多獨特的優秀人才，其中大多數只在麥肯錫學習解決問題的方法，一旦學會之後便迅速離職。他們深信，協助創業家或自行開創事業將更有利於社會……。

確實，問題解決方法對於新創企業非常有用，有助於找到社會上眞正的課題，並將這些課題轉化爲機會，也就是新的商機。碰上短期問題時固然要加以解決，但從中獲得線索，找到下次成長的契機，這在課題設定方面更爲重要。

或許有些客戶並未提出這樣的要求，只希望顧問幫他們解決眼前的問題。不過如果跌倒之後不僅有能力爬起來，而且還能使公司變得更有活力，那必定會令人格外的高興。

我將這種現象稱爲「十倍奉還」。有能力提出別具一格的答案，並**將問題所在轉變爲新**

**的成長契機**，這才能展現出顧問的眞正價值。對一名顧問而言，最幸福的事情莫過於此。

因此**問題很多也可能意味潛藏著許多成長機會**，代表有很多事情可以做。只不過是要做的事情太多，不知道該從哪裡下手罷了，倘若能理清頭緒，事情就好辦了。

反過來說，**順風順水、什麼問題也沒有的公司實則危機四伏**，因爲企業缺乏改善的空間。既然沒有更多的課題可供解決，便意味著接下來只有下滑一途。

雖然有點不好意思，但我想再度以豐田汽車公司爲例。豐田公司的員工受到讚美後反倒會感到不悅，因爲一旦受到讚美，就表示沒有成長的空間了。即便被認爲是世界上的企業典範，他們也不會開心。相較之下，他們更希望找到適合自己的下一個典範。他們持續想找出自己尚未做到的事情，並檢討自己爲何還做不到的原因，這就是豐田式的成長方法。

我之所以會發現這件事，是因爲過去我在麥肯錫工作時，曾在課程中讓主要企業部門的經理級主管爲自己打分數。

有趣的是，每一家公司的評分方式各有不同的特色。有些公司多數人自評爲五分，有些公司多數人自評爲三分，而在豐田汽車公司裡，幾乎所有員工都認爲自己可拿到一分。如果自評爲五分，那就沒有往上成長的空間。爲了繼續成長，他們傾向於替自己打一分，這展現了豐田公司的心態，比起發現問題，他們更重視發現成長的機會。

豐田的員工思考的是如何使公司變得更好，並將問題視爲下次的成長機會，實在非常了不起！

**設定課題時，有意識的將問題轉化爲成長的機會，這是非常重要的關鍵。**進一步來說，**這種設定方式就如同你正處於一條陰暗的隧道中，而在盡頭處拓展出光明的未來。**

若非如此，就會讓人失去動力，無法激勵員工的士氣。

**主動意識到出口的情況，這正是設定課題時的另一個視角。**

## 「所以會如何？」——天空、下雨、雨傘

我們顧問所使用的「天空、下雨、雨傘」譬喻也是非常有名的邏輯論述，應該有許多人知道。

假設你現在抬頭向上望，看到的是雲層厚重的天空。

這是一個事實，但是當我們說出對「天空」的觀察結果之後，「So What？」——「所以會如何？」

我在這裡加入一些推論：「等一下可能會下雨」，這就成了預測。換言之，眼前的現象會進一步發展爲「下雨」。但這仍不足以成爲「So What？」（「所以會如何？」）的答案。

那麼根據上述的觀察與預測，接著應該要喚起什麼樣的行動？這可以有好幾個選項，「不要外出」是一個選項，「帶著雨傘外出」是另一個選項。這便是「天空、下雨、雨傘」的論述。

常見的情況是，當人們做了大量的分析以後，僅在報告書上寫著「天空的雲層厚重」。這在做事時不多加推測，只傳達事實的政府機關或大公司裡經常發生。然而僅只有這些訊息無法和行動有所連結，唯有加上推論以及建議，才是一份有價值的提案。

如果是氣象播報員，報導時往往會提及事實和「預測」，例如：「目前天空多雲，午後可能會下雨。」但最近的氣象播報員甚至不忘提出建議：「今天出門別忘了帶傘。」他們確確實實地實踐了「天空、下雨、雨傘」的精髓。

**爲了將論述與實踐結合，就不能只點出天空和下雨，而必須連同「雨傘」也明確提及，**因此顧問總會養成問「So What?」的口頭禪。

不過爲了你自己著想，最好不要對家人或情人使用這個字眼。我也曾遭遇過不小心說出「So What?」而使家人一個禮拜都不和我說話的慘痛經驗。

## 本章重點整理

- 先假設問題的本質（鎖喉點），再開始思考。
- 反覆詢問五次爲什麼，深入挖掘問題的本質。
- 找到「該做的事」並不重要，關鍵在於搞清楚「Why Not Yet？」（「爲什麼還做不到？」）。
- 不要把注意力集中在問題上，而應該擴展解決方案的空間。
- 把問題轉變成機會，就有可能開啟新世界。
- 在事實的基礎上加入自己的推論，然後再提出建議，才能產生出有價值的提案。

# 第三章

# 假說構築力：「假說思考」

# 「Day 1假說」

我在前一章反覆強調，設定一個好的課題在解決問題的過程中非常重要。這不是從眼前的現象著手，而是先對公司的問題、病況、根本問題做出一番假設。設定課題與假設答案的樣貌，兩者幾乎都具有同等的意義。

那麼在少量的資訊中，我們該如何設定最初的假說呢？

關於這個部分，首先我們會教導顧問**先建立「Day 1 假說」**。

Day 1意指第一天，**也就是在客戶前來諮詢的第一天就建立假說**。顧問一邊聆聽客戶所說的話，心中一邊想著可疑之處，然後再逐一追問細節。沒錯，就像神探可倫坡[14]的辦案方式一樣。

顧問心中的想法有可能會非常不合常理，甚至很離譜，但隨著分析的逐步推演，大多數情況下他們都會察覺到最初的假設有誤，或者發現其他問題。遇到這種情況，就立刻修正假設，這與自然科學的研究步驟[15]相同。

## 對常見說法提出質疑

儘管在最初的假設之後還有修改的餘地，但如果Day 1假說太過於偏離主題，或者太過普通，就會在問題解決的過程中使大家多繞一大段遠路，有損客戶對我們的信賴。該如何在一開始**就做出令人眼睛爲之一亮的假設**呢？這正是顧問的本事。那麼究竟該怎麼做呢？

事實上，這裡也有幾個小訣竅。其中最重要的一點就是，當個事事唱反調的討厭鬼。

換句話說，便是凡事質疑。**面對表面上鬧得沸沸揚揚的課題、問題，都要抱持著懷疑的態度**。暫時和眼前的問題保持一點距離，試著從稍遠的位置加以審視。

對於企業所說的問題，首先要提出質疑，因爲在多數的情況下，那都不是問題的本質。

所以一開始就要向對方表示：「只要您認爲那是問題，根本問題就解決不了。」接著再提議：「先暫時保持距離，從遠處審視現狀，然後重新整理一下。」

舉例來說，現在書店裡的書銷售不佳，儘管不斷有新書出版，但銷量卻差強人意，很快就會被退貨。一旦退貨率提升，出版社的經營就會愈來愈困難，因此這個「問題」必須要解決。

所以企業開始逐一檢討通路問題、價格問題、書店問題，還有書本內容的問題。然而像上述這樣的問題，大多已有人深入探討過了，說不定問題的本質是在完全不同的方向。

要當一個唱反調的討厭鬼，換句話說，就是**對常見的說法提出質疑。面對世人一般認爲合理的說法、定見，我們都要抱持著懷疑的態度。實際上，業界的常識在社會上往往被認爲不符合常識**。

這也意味著**改變觀點。暫時改變觀點，不帶有立場審視現在正在做的事情，**往往會察覺到當中存在著許多不必要的結構。就像前一章以豐田汽車公司爲例，他們正是改變了觀點，從整體的角度來審視自己，才得以順利解決問題百出的汽車產線。

## 從局部擴展到整體

更進一步而言，便是不要太過執著在問題本身。假設你成了一名聚集在冰球周圍的冰上曲棍球選手，大家把這個畫面想像成是一群聚集在足球周圍的孩子會更容易一些。

突然要你提高「解方品質」無異於致命行爲，那麼做會使你看不見問題的本質，走在安宅所說的「狗兒路線」。

要**推導出高敏銳度的假說，看待事物時就不能耽於鼠目寸光，而應該擁有鳥瞰天下的胸襟**。這麼做才能擴展解決方案的空間，也才能察覺到，在無人注意的市場白地潛藏著根本答案，正如同冰上曲棍球之神格雷茨基般的神乎其技一樣。

我將這個技巧稱爲**「從局部思考擴展至整體思考」**。將注意力集中於問題點（現象）上的「局部」思考，會產生堆積如山的盲點（blind spot），**唯有將視野「擴大」俯瞰整體時，才會察覺到過去被自己遺漏掉的本質**。

此時就可以迅猛的從空中降下，一把攫住尚未被他人發現的獵物，我們必須讓自己成爲像老鷹一般的獵人。

## 戰勝AI的發想技法

然而，如果只是找出問題，AI的速度要快得多，AI從大數據中找出規律和異常值的速度遠遠超出人類的能力。透過累積無數的數據模型，AI可以針對一連串模型，立即找出與其相符及不相符的事物，接著再藉由模型識別的方式探究其中原因。

顧問界有個既定的說法，認爲只要能夠解決三千件案子，對於大部分的問題都會產生一種「既視感」[16]。當然即便一年解決一百個不同的案子，也要花費三十年，像我這樣只有二十多年顧問經驗的人仍不算資深。

但是AI卻能夠在一瞬間完成模型辨識，即使數據的位數增加一倍，也能輕而易舉的達成任務。如果要比賽模型識別能力，人類顧問不可能勝過AI。既然如此，人類可以在哪方面贏過AI呢？

人類要想勝過AI，**唯有找出不拘於常識的觀點、異想天開的組合方式，以及發掘未曾有過的模型這幾點**。

更進一步來說，就是找出有可能在未來成爲常識的事物。過去的資料已經全部存放在AI的記憶體之中，因此從過去不存在的某種不符合常識的組合之中所產生的發想，這才是人類獨有的問題解決能力。理所當然的事情就交給AI處理即可。

不過這裡我們必須要知道何謂理所當然的事情，否則就不可能了解什麼是新的組合。因此我們要**從理所當然的事情出發，在一般人想不到的地方尋找答案**，這正是優秀的顧問進行發想的方法。

大多數的情況下，企業在尋求顧問協助之前，往往已經深入思考過自己所面臨的問題。顧問若依循相同的脈絡思考，是不會替公司創造附加價值的。

如果顧問不能在客戶想不到的地方提出見解，那就沒有存在的意義。學會了該產業、該公司員工的思考方式之後，**突破固有思維找出與眾不同的解方**，這才是顧問真正的專業技能所在。

## 突破盲點

如何突破盲點，在做法上可能與尋找推理小說中的犯人類似，比如在某些美劇推理片中，最不可能受到懷疑的人，到了最後竟然就是嫌疑犯。

我最喜歡的好萊塢電影之一是《刺激驚爆點》（*The Usual Suspects*），可能已經有許多人看過。片中描述的五名嫌疑犯，有一位是由知名演員凱文．史貝西（Kevin Spacey）演出的金特（Roger "Verbal" Kint），他看起來最「無辜」，但其實眞正的犯人就是他。

在人們先入爲主的想法中，有些人不必接受調查、有些事情不需要驗證，其實這些地方恰恰是可疑之處。企業也是如此，很多時候課題的本質就隱藏在所謂的業界常識，以及公司的不成文規定之中。這裡就稱之爲**盲點**，在前一章中稱爲「市場白地」。

當外部的人提出簡單的疑問：「爲何不從這裡著手改善？」那便是盲點所在。但內部的人往往會以「業界的結構就是如此」、「這是我們的傳統策略」等理由，從一開始便堅持答案不在那裡。

反過來說，像這些**不符合業界常識的事物，從外人的眼光中，特別是那些積極性強的攻擊者（attacker）看來，正是絕佳的商業機會**。近來有所謂「數位顚覆」（digital disruption，使用數位技術致使業界遭受到破壞）的概念，例如：對書店產業或其他零售產業、製造業等大發神威的「亞馬遜效應」（Amazon effect）便是一個很好的例子。

這麼一來，對產業界的企業來說，僅僅在現行慣例中尋求更好的策略終究有其極限，外部的攻擊者遲早會突破慣例的不合理之處。因此企業應該預料到這一點，反過來爲自己做好準備，並主動採取行動。

首先，試著進行模擬測試。**假設現在有個人將「現行慣例」視爲理想的攻擊目標，那會發生什麼情況呢**？即使我們自己不做模擬測試，還是要在內部建立這樣的**自我攻擊團隊**，以因應事態的發生。此時不是堅持慣例的時候，而是爲了將來所做的必要準備。

除了業界的慣例以外，企業還存在著許多盲點，像**過去一直不太重視的客群也是盲點之一**。

一般而言，企業對於經常購買商品的主要客戶的意見往往特別重視，並且認爲那些不購買商品的人所提出的意見並不重要。然而，如果只願意聆聽主要客戶的意見，企業的改善空間將變得愈來愈狹隘，愈聽愈形成小衆市場。

相較之下，願意聆聽其他人的意見，了解他們爲何不購買商品的理由，這麼做顯得更加高明，因爲那裡沉睡著一大片尚未開發的機會，這正是由「局部」擴大至「整體」的思考轉換。

儘管如此，多數的行銷人員還是傾向於滿足經常消費的客戶，因爲他們對成本效益非常敏感，投資在經常消費的客戶身上便能確實收到回報。PlayStation遊戲機和Wii[17]就是相當典型的例子。

PlayStation把焦點擺在玩家身上，不斷提高自身的規格以回應玩家的期待。例如：兩把武士刀在現實世界裡互砍時會發出「鏗鏘」的聲音，這在遊戲畫面中需要使用非常高水準的技術才能辦到，因此PlayStation的創造者久夛良木健便大展神通，他在遊戲機上搭載了一款名爲「Cell」的超級電腦。

這種遊戲的眞實感對於玩家來說，雖然非常有吸引力，但對普通人而言，卻是個難以企及的世界。在遊戲人口持續減少的情況下，僅能取悅一部分的少數玩家的商業模式是不可能成功的，這項巨額投資想當然是無法回收，索尼公司（Sony）差點因此而破產。

相對之下，任天堂推出的Wii所主打的對象則是三歲到七十歲的普通人。當初從日本傳統的花牌遊戲起家的任天堂，並沒有索尼那麼高端的技術，玩家人數也遠遠比不上索尼，但他們的**「課題」本身就是問題解決的關鍵**。

任天堂並不特別推崇專業玩家，他們以普通的男女老少爲對象，成功拓展出新市場，將原本只供個人娛樂的電腦遊戲，變成適合大家一起享受的娛樂方式。使全家人其樂融融的聚會交流，恢復了重大的社會價值。

而這一切都歸功於發想的轉換。

# 「壞孩子」在哪裡？

據說本田汽車（Honda）的創業者本田宗一郎曾說過：「『壞孩子』才能提升公司的實力。」這裡所謂的「壞孩子」意指被要求遵守規矩時，會反過來一一追問理由的員工。一家滿是優等生的企業是不會進化的——「懂得認眞思考，並提出反駁的傢伙，才會闖出一番新事業」本田宗一郎如是說。

不過就我在企業的儲備幹部研修活動中所見到的情形，如今的本田汽車已經很少見到這種壞孩子了，全都是一些認同公司現在的做法，並以此為基準，在既定規則中做出最大限度努力的優等生。

也許這種優等生更容易被選爲儲備幹部，但這麼一來，就不可能改變遊戲規則，因爲即使課題設定本身有問題，他們也會盡最大的努力提出答案。到頭來自以爲解決了問題，但其實沒有從根本上下功夫。

一旦完完全全成爲一名企業戰士，就連問題意識也會逐漸消失。即使你只剩下週末才有空，也要對自己正在做的事情抱持著疑問的態度，退一步檢視整體的情況，然後將學習到的事物、有疑問的地方寫下來。這種暫停時間等同於內省時間，能使自己保有問題意識，擁有這樣的時間非常重要。

**公司裡的員工也必須定期重新思考公司存在的目的、該做的事情、尚未做到的理由等問題**，最好能離開公司，在平常不會去的地方澈底討論公司的本質。

話說回來，本田公司在其鼎盛時期經常舉辦「Y-Gaya」[18]活動，根據了解當時情況的小林三郎（他是本田公司的研究員，曾任職該公司的經營企劃部經理，現擔任日本中央大學客座教授，以及一橋大學商學院的約聘講師）的說法。「Y-Gaya」如果沒舉辦三天兩夜的外宿，那就不是眞正的「Y-Gaya」。

Y-Gaya活動的第一天，人人都口沫橫飛的暢談自己喜愛的事物，當晚便推心置腹盡情談論各項議題。到了第二天，大家終於漸漸談到課題的本質。而在最後一天，對於該如何使公司變得更好，大家便有了共識。

然而，最近本田公司幾乎不再舉辦Y-Gaya外宿活動，而改成所謂的「經濟型Y-Gaya」。

這可不是飲料或香菸之類的小東西，以「經濟型」來敷衍了事，是不可能追根究底找出根本課題的。這部分正是本田當前面臨的問題。換句話說，能夠使本田公司大幅度成長的契機似乎就在這裡。

## 組織多元化才容易看清盲點

在當前的社會裡，多元化[19]——即致力於聘用多樣性的人才，已然成爲各家企業，特別是大企業的常識，其目的不僅僅是爲了優待女性或外國人等少數群體。如果公司裡的員工全都具有相同的特質，便會理所當然執行工作，絲毫沒有一點懷疑的態度而讓具有不同思維方式的人加入其中，便能喚起大家的問題意識，這才是多元化眞正的價值。也就是說，**多元化是發現並彌補組織盲點的一項有力手段。**

透過各種價值觀的碰撞，使得創意發想變得更加多元。就這層意義來說，盡可能與公司外部的人增加接觸，也能擁有與多元化相同的效果，我稱之爲「**擴張組織的表面積**」。

所謂的表面積意指與外界接觸的面積。規模愈大的企業，其表面積愈小。當表面積不夠大時，最終只會淪爲內部的自我調整，因此員工往往用內部的邏輯做事情。一旦內部邏輯行不通，就會斥責對方不懂規矩。這些規矩就是企業的常識，但從外部的眼光來看，卻是不符合常識的僵化之處，這就是典型的大企業通病。

由此可知，我們必須擴張企業的表面積。換言之，就是多把時間花在與外界的關係上。並著重在接觸新的對象，而非那些與顧客或自身具有密切關係的供應商。具體來說，便是與不同產業進行接觸，將會爲你帶來新的發現。

這對大企業來說極其困難。稻盛和夫[20]的阿米巴經營法其優異之處，在於**透過小型單位來擴大與外界接觸的表面積**，因爲比起注意企業內部的邏輯，需要與外界進行交涉談判的情形更多。

像這樣**盡量縮小每一個單位的規模，正是擴張表面積的一大智慧**。當組織的規模愈大，便愈需要進行角色分工，於是每一個人都成爲大組織裡的小齒輪。如果集團中的每一個小單位都負起相應的責任，就能透過與外界的接觸而產生各式各樣的新發現。

不過阿米巴經營法會帶來巨大的反作用。因爲各單位規模較小，所以面對巨額投資或承擔風險時往往會猶豫不決。此外，由於向外發展的力量較強，在離心力的過度作用下，組織內部便很難形成凝聚力和協同作用。雖然能保有新創精神，但卻難以發展成較具規模的大型企業。

除非企業擁有足夠的管理能力來彌補這種反作用，否則一切都依賴阿米巴經營法，最終只會創造出中小企業的集合體。關鍵在於**企業是否具備足夠的智慧來克服規模與靈活性之間的矛盾**。

## 打入禁忌區

在第二章提到，藉由思考「Why Not Yet?」就能發現組織固有的根本問題，這種思考方式同樣也能有效發現盲點。

畢竟追根究底詰問「Why Not Yet?」，必然會一頭撞進各家企業或業界的**「OB zone」**[21]，也就是所謂不可觸碰的禁忌區或「聖域」。

即使我們提出明確的質疑：「那裡不正是問題的本質嗎？」對方也會回覆：「依照公司規定不可以處理該部分。」儘管外人看起來極爲荒謬，但對內部的人而言，打從一開始就排除了這個解決方法，就像前文中提及的**業界慣例、結構性問題**等等，這就是OB zone（禁忌區）。

一旦撞上禁忌區，顧問的首要之務便是質疑禁忌區的眞實性。即便是慣例或是結構性問題，都不過是人爲的決定罷了，因此是有可能改變的。

而且只要仔細觀察，就可以發現**最大的禁忌區其實來自該公司的社長**，例如：社長個人的想法、好惡等等。

從前有一家專營嬰兒用品的企業，曾有員工提議也販售寵物用品。由於少子化導致嬰兒人數減少，但另一方面，卻有愈來愈多人對待寵物就如同自己的親人般關愛，不惜花費金錢在寵物身上。

甚至有一則黑色笑話說，太太讓自己的丈夫吃寵物食品，而讓寵物吃得比丈夫更豐盛。

這便啟發了員工的想法——如果販售與嬰兒用品同等級的寵物用品，是不是能擴展市場呢？

然而這項提案最終沒有被採納。高層固執的認爲，把人類與貓狗相提並論實在太荒唐。

確實，也許會有顧客對此感到不悅，但幾乎所有的人都不會在意。社長的這份堅持就是禁忌區，因爲這樣而錯失了大好良機。當然這也可以解釋是社長用心良苦，爲公司留下了尚未涉足的商業領域，未來成長可期。

同樣的，另一個常見的禁忌區還有**社長的不裁員方針**。然而公司也會以此作爲藉口，認爲在現有員工的情況下，難以邁出**數位顛覆**的第一步，亦即利用新的科技處理人力工作，這將會破壞舊有的體制。如果要求員工立刻離職顯得過於冷酷，爲何不對員工進行再培訓，給予員工成長的機會，然後再視情況做出決定呢？

誠如以上所述，各家企業都存在著許多不願碰觸的禁忌或不成文的規定，而對此提出挑戰往往是顧問的工作。

當我有耐心的循循善誘：

「爲什麼到現在還沒有處理這件事呢？」

「爲什麼到現在還做不到？」

「Why Not Yet? Why Not Now?」

對方一開始可能會露出茫然的表情，待我持續追問後，他們的回答通常是：「我沒想過那種情況。」「那是不能更動的規則。」等等。然而**對方認爲「不可能的事情」，實際上便是問題的核心所在**。如同先前提過的「鎖喉點」，那正是問題的本質。

**大部分的鎖喉點其實是作繭自縛**。多數情況下都是自己勒住自己的脖子，甚至連對象和原因都搞不清楚。

舉例來說，面對營業額長期低迷的困境，可行的方法之一是暫時降低下一季的利潤，先削減無用的開銷，等下個年度營業額自然會回升。但是能果斷這麼做的主管並不多，因爲他們希望締造連續成長的收益紀錄。一旦收益下滑，便擔心會養成失敗的習慣，或者遭受市場上質疑的眼光。事實上，**將業績當作自己個人的事業成績單，往往是限制選擇範圍的眞正原因**。

不過想要在五年內實現穩健的業績成長，還有一個選擇，那就是進行一番整頓後便能夠起死回生，迎來V字型復甦。由於是在維持現狀的條件下逐漸改變方向，因此最終無法做出重大突破。這使得許多公司陷入了兩難的境地。

# 魚與熊掌不可兼得？

**所謂下定決策，便是在有限的資源中選擇其中一項**，這就表示**在你抉擇的當下，就會捨去其他諸多選項**。根據日本豐田汽車的社長豐田章男的說法，「決斷」意味著「決定」要「斬斷」某些事物，這眞是一句至理名言。

儘管如此，但有非常多經營者什麼都想要，無法果斷做出選擇，因而落入「一廂情願」(wishful thinking) 的思維中。在這種情況下，顧問的工作便是敢於向對方提問：「你要捨棄什麼？」

實際上，很多事物都存在著魚與熊掌不可兼得的權衡關係，無法兼容並存。該如何從中取捨，實在是非常困難的課題。萬一踏錯一步，就可能會造成企業的致命傷。面對這種情況，我們該如何處理呢？

其中有一個小訣竅，那便是**增加時間軸的視角**。

當你的內心猶豫不決，不知該選擇A還是選擇B時，不妨**試著替這兩個選項列出短期利弊與長期利弊**，然後重新審視A與B的關係，是否真的無法兼容，非得二擇一不可。

接著想一想，是不是有可能先進行A，之後再進行B？如果先B後A是否可行？如此一來你就會發現，其實有不少情況只不過是順序的問題而已。

就好比品質與成本的問題。乍見之下，降低品質似乎可以降低成本，但結果卻造成營業額下滑，最後反而使成本高居不下。但是若要製作品質精良的產品，初期就要花費較高的成本，這可能會有利潤無法回收的風險。

不過，如果顧客發現商品的品質良好而大量購買，便會使生產成本下降。這麼看來，提高品質與降低成本並非權衡取捨（trade-off）的關係，其實兩者存在著兼容並存的可能性。

就像這樣，先預估未來的獲利情況，即使一開始的成本不符合預算，仍堅持製作品質優良的產品，這就是前期投資的思維。如果爲了以低價賣出商品而降低成本，致使品質也跟著下降，那麼顧客便再也不會光顧了。

日本知名服裝品牌優衣庫（Uniqlo）從前便曾犯過這種錯誤，不經一事不長一智。優衣庫後來絕對不向品質妥協，他們承受大量生產的風險，成功降低了生產成本。

**若以長遠的眼光來看，品質與成本絕非權衡取捨的關係，兩者實爲「共存共榮」**[22]。話雖如此，就時間軸的角度而言，成本會暫時吃掉部分的利潤，這點我們理當要有心理準備。

然而這個決斷將來很可能會創造出極大的利益。因此我們可不能爲了短期利益而提高價格，滿足於小規模的市占率。我們要有犧牲短期利益也不提高價格的決心，朝著擴大經營規模的方向前進。

# 假設檢定與精實創業

本章在一開頭便馬上提到，擬定假設後將其與事實進行對照。如果兩者之間有落差，便不斷修正假設以符合事實。這種假設檢定的過程，顧問之間經常稱之爲**證明**（prove）或**反證**（disprove）。

下定決心想要證明某件事即爲假設，然後再根據事實驗證這個假設。但如果蒐集到許多反證，便立刻捨棄舊的假設，接著擬定新的假設，這就是破壞再重建的過程。

此時，一定要避免只選取符合假設的情況。說起來容易，但不僅政客如此，企業家和行銷人員往往也會刻意不去看那些「不符合期待的眞實情況」，因此這點務必多加注意。

先擬定假設，然後根據這個假設檢視事實，再基於事實重新修正假設，這一連串的操作過程與美國矽谷最近流行的**精實創業**[23]有共通之處。

**精實創業並非在一開始便打造出完美的商品，而是先將最小可行性商品（minimum viable product，簡稱MVP）投入市場中，一邊觀察市場的反應，一邊調整商品的路線**（這個部分會在第二部詳細說明）。

解決問題便與此類似，如同製作紙紮老虎一般，在第一天便擬出粗略的假設，即使與完美程度相距甚遠也不要緊。換句話說，這便相當於設計思考時所建構的模型，也就是試作品。將這份試作品與企業及市場的真實現況互相比對，便會得到各式各樣的反應，當然也可能會出現矛盾的情況或反證，那就坦然接受並重新修正。這就是解決問題的流程。

# 破壞的勇氣

谷歌（Google）是一家極富創意的公司，經常推出前所未見的商品，企業內部的組織結構、制度也以激發員工的創意而聞名。谷歌有一項相當特別的文化，**一旦有企劃案失敗便會大肆慶祝**。

他們不會為了企劃案成功而慶祝，失敗了才會慶祝，**因為這表示他們發現此路不通**，慶祝自己又完成了一項假設檢定。

然而像谷歌這樣的公司畢竟是少數，大多數的公司文化都不喜歡失敗。「這裡果然沒有需求，我們最好撤出市場」、「這是錯誤的策略（假設），最好停止這項專案」像這樣的話很難讓人說出口。

谷歌公司的風氣是，**如果沒有九〇%以上的失敗率，就不算承擔了眞正的風險**。因爲失敗便意味著挑戰過各式各樣的可能性，如果有九〇%以上的成功率，那表示沒有充分的接受挑戰。著有《一勝九敗》一書的柳井正社長所領導的日本迅銷公司（Fast Retailing）也適用這個概念。

另一方面，日本一般的大企業所採用的策略卻完全相反。在他們的常識中認爲，沒有九〇%以上的成功率便會行不通——這兩者的差別竟如此巨大！

然而**有九〇%的成功率其實不能稱之爲挑戰**，只有那些看起來不可能成功、不符合常識的事物才是眞正的挑戰。**至少要試著賭上五〇%的失敗率才算是挑戰**。

因此九〇%的失敗是理所當然的，儘管如此仍持續挑戰，便能獲得沒有人能做到的一〇%的成功。

# 啟動安燈系統的勇氣

在不鼓勵失敗的文化中，不僅使人難以挑戰新事物，而且也不願意承認自己的失敗。結果很可能因爲連續的失敗而引發致命的危機，而後者所造成的傷害可能更加嚴重。

請容我再次以豐田汽車爲例，該公司的「安燈系統」（Andon）相當知名，這種系統可以使員工在發現問題的階段隨即關閉生產線的作業。一般的公司通常是以生產性作爲優先考量，因此關閉生產線可以說是「犯罪」行爲。在美國，關閉生產線的員工會立刻被開除。由於太過重視生產性，即便生產出堆積如山的瑕疵品，依然堅持繼續運作生產線。

然而豐田公司的肯塔基州工廠，爲了嚴禁瑕疵品繼續進入下一道程序，便導入了「安燈系統」。一旦啟動，就得等到反覆詢問五次爲什麼、澈底解決問題的眞正原因之後，才會重啟生產線。

據說美國廠的員工剛開始還抱持著半信半疑的態度。在近期的暢銷書《豐田物語：最強的經營，就是培育出「自己思考、自己行動」的人才》（經濟思潮社於二〇一九年出版繁中版）中便描述了以下這個故事。

有一天，美國人保羅啟動了「安燈系統」，使產線關閉長達十五個小時。到了第二天，工廠負責人張富士夫先生（後來成爲豐田汽車的社長、董事長，並於二〇一七年擔任名譽董事長）便找他去問話，他心裡有數自己就要被解僱了。

可是張先生卻緊緊握住他的手鞠躬道謝：

「保羅，我們的工廠剛成立，正在艱難的時期。十五個鐘頭，一定很難熬吧！不過多虧了你，可以重新開機了，謝謝你！以後也不能少了你的協助。」[24]

保羅忍不住哭了出來，後來他盡心盡力在肯塔基工廠實踐「豐田生產方式」，一直工作到退休。他娓娓訴說著：「這是在美國第一批培養出來的思考型作業員，我以此爲榮。」

中止生產線不但沒有被解僱，反而受到上司的感謝，這就是安燈系統的本質。藉由這種方式，**現場員工便不會隱瞞失敗，而是將其視爲寶貴的學習機會**。這正是豐田企業持續進化的精髓，會思考的現場便是基礎核心。

若**想眞正的學有所得，就必須要有勇氣承認自己的失敗，要有勇氣摧毀自己過去認可的**

**事物**。正因如此，谷歌也和豐田一樣慶祝失敗。

## 逐漸接近本質的螺旋法

「破壞的勇氣」是解決問題時不可或缺的態度。如果從一開始便想立刻找到答案，無論如何都跳脫不出常識的範圍。有了破壞的勇氣，才能挑戰各式各樣不符合常識的假設。

如果假設有誤，便乾脆大方的承認，然後盡快投入下一個假設。這麼做並不會讓一切歸零，至少你破解了一個有力的假設，稍微靠近了問題的本質。

若用繪圖表示，就像是**朝著本質的方向畫圈，以螺旋狀的方式逐漸深入核心**。身爲顧問，我們非常重視這種螺旋型的思維方式。

這看起來像是走著走著便撞上好運的狗兒一樣，但毫無方向亂走一通，湊巧碰上問題本質的機率其實很低。於是我們將可能是問題本質的位置，以及其四周都做了仔細的調查。如果仍然一無所獲，便繼續往前搜索。當我們回過神來，會發現這和最初的Day 1假說完全不同，變成了Day 3假說。這種做法將使我們逐漸接近眞相，這就是「假說思考」。

偶爾會發生最初設想的Day 1假說，一直保留到最後的情況。像這種直線式的解決方法，在絕大多數的情況下往往會偏離本質。如果不持續修正和改進這些假說，最終它們將變得淺薄無力。

也許有些總想節省精力的人會認爲，既然前後會變得完全不同，那又何必在一開始便擬定假設呢？然而沒有假設就看不到本質。**正因爲有假設存在，我們才能在必要時予以否定，並進一步深入改進**。

我要多次強調，不帶任何成見的看待事物，乍看之下似乎很科學，結果卻無法看見事物的本質，並非眞正的科學方法。因爲有了某些假設，我們才能看見事物的狀態，繼而勇敢的根據事實改變假設，這麼一來便能逐漸接近本質。

**「擁有假設的勇氣」與「打破假設的勇氣」，這兩者便是假說思考的重要關鍵。**

# 答案就在自己身上

就我個人的經驗，當我聘請教練來上課後，才深切明白自己沒有打高爾夫球的天賦。從前我便養成了打球時晃動身體的壞習慣，一上球場便會不自覺表現出來，無論教練怎麼矯正我的姿勢，最後總是徒勞無功。

不過這讓我察覺到一件事——自己的目的究竟是提高分數？還是學會正確的揮桿姿勢？我的解決策略是，從原本的目的逆向推算，就能以自己習慣的方式揮出標準桿。

向大家講解那些教科書上的知識一點也沒有技術含量，根本無法解決問題。與其如此，倒不如配合公司的習慣與風格，以此引導公司達成目標，這才是有效的解決之道。

換句話說，拿自己與他人比較或者企圖學習他人的姿勢，這些行爲並沒有幫助。與其如此，倒不如專心培養自己獨特的姿勢。我們無需徹底改變自己的姿勢，而應該善用現在的姿勢，找出打好標準桿的方法。

這表示無論是問題的本質，或者是解決問題的答案，一切關鍵都在我們自己的身上。

很多人會埋怨競爭對手的出現、業界的種種不公現象等等，即使感嘆外部環境的變化也無濟於事。其實**問題大多要歸咎於自己，是自己不懂得好好利用外部的威脅和機會**。**問題的原點就在自己身上，而解決方法也因人而異**。說到底，終究是自己造成的問題。

聽到問題是自己造成的，或許會令某些人感到沮喪，但只要改變觀念——**我們要找的不是「正確答案」，而是「自己要的答案」**——如此一來，便成了十分振奮人心的一句話。

前文中提及，我們應該把問題當作下次的成長機會。實際上，優衣庫柳井社長的口頭禪正是「風險就是機會」。**風險即是危機，危機和機會都有個「機」字，兩者只不過是看待方式的不同所造成的差異罷了**。

如何聰明的理解「機」這個字，將它與自我改變及自我成長連結起來，這便是關鍵所在。

事實上，無論是柳井正還是孫正義（軟體銀行）、永守重信（日商尼得科（Nidec，舊稱日本電產)」，這些企業家們個個口才絕佳，不但能將危機轉變成機會，也非常擅於將機會視爲危機，以整頓員工的情緒。他們完全理解**危機與機會實爲一體兩面的道理**。

他們更加明白，**如何充分利用危機與機會，答案就在自己身上**。

## 本章重點整理

- 對常見說法及常識提出質疑，爲此可以不要當好孩子，鼓勵當個事事唱反調的壞孩子。
- 不要執著於眼前的事物（局部），而是擁有寬廣的視野（整體）。
- 相較於「既有顧客」，更應該將目光擺在「潛在顧客」身上。
- 加入時間軸的觀點，不做權衡取捨，而是共存共榮。
- 爲了尋找盲點，應該接納多元化的人才，擴張與外界接觸的表面積。
- 打入「OB zone」（禁忌區），踏入「聖域」。
- 不要害怕失敗，要從失敗中學習，要有不斷打破假設的勇氣。
- 問題及答案的本質都不在外部，而是在自己身上。

# 第四章

# 衝擊力：「衝擊性思考」

# 議題樹

假設現在我們已經透過上一章的「假說思考」完成了課題設定，並了解課題的本質為何。雖然這是很重要的一大步，但仍只來到解決問題的第一個入口而已，沒有辦法馬上解決問題。如果不把這個大課題進一步拆解成數個小課題，就無法解決現實生活中的問題。

**這種拆解課題的作業相當於將大議題細分爲子議題，我們稱之為「結構化」**。而將課題加以「結構化」便是problem structuring，這個過程將會影響到解決問題時的品質與效率。

在一開始的課題設定階段，我們需要具有某種直覺敏銳度，否則便無法展開。但實際進入問題解決階段時，就需要對課題進行分析，將大課題拆解爲數個小課題。

關於這個部分，通常我都會利用大象圖來向學生解釋。當我們心血來潮想吃大象時，想當然非但做不到，而且還會淪落到被踩死的下場。那該怎麼辦呢？我們該做的是將大象仔細的切成好入口的大小。

用吃大象來作比喻可能會受到動物保護團體的抗議，但我想強調的是細分、拆解等結構化的過程。即便是如大象般龐大的問題，也能透過這種方式一一解決，而不會被重量壓垮。

具體做法是運用「**議題樹**」（issue tree）。請先仔細觀察問題本質的議題是由哪些結構組成，將它拆解成子議題，接著再將每一個子議題細分出來（**圖3**）。

換句話說，**所謂「結構化」便是從問題的本質出發，進而分解成更小的要素單位**。

[圖3]

**議題樹**

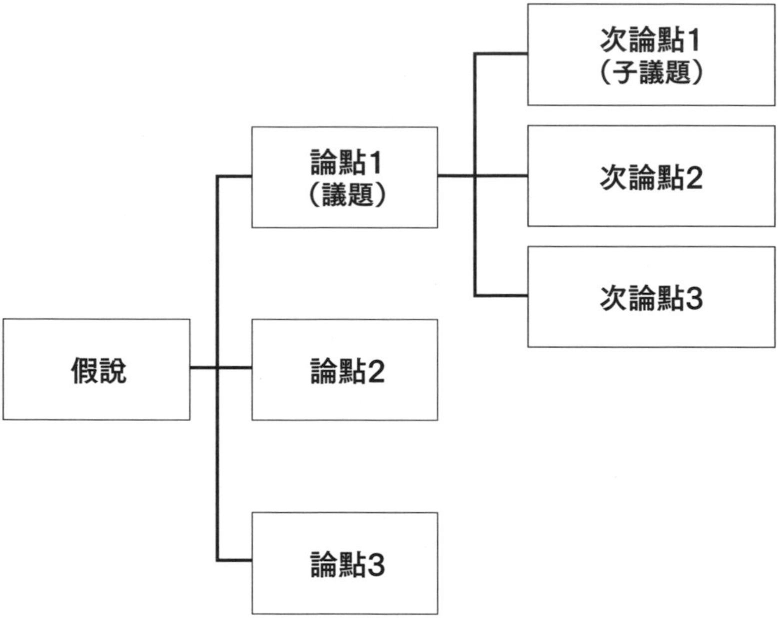

# 優先順位的八二法則

這裡我要提出「MECE」的思考方式。本書的讀者恐怕已經聽過這個專有名詞好幾次了，請問它的確切含義是什麼呢？

MECE是來自mutually exclusive and collectively exhaustive開頭字母的縮寫，表示嚴謹細密的將整體拆分開來，既**無遺漏也不重複**。

以MECE思考法拆解事物的作業看似簡單，實際執行時卻相當困難。嚴謹細密拆解事物，將會使這個過程變得無窮無盡（下一章會更深入討論這一點）。

我們原本的目的是將一個大問題加以結構化，以此解決根本問題，但過度嚴密的結構化反倒容易使人看不見問題的本質。那麼該怎麼做呢？

**請切除多餘的枝葉。一旦我們完成大致上的拆解後，便要捨棄細枝末節。**

我想應該有不少人聽說過「八二法則」或「帕雷托法則」[25]，MECE也可以套用這個法則。換句話說，**若將整體問題假設爲一百，那麼問題的本質大約占據二十左右**。

從追求完美主義或官僚型工作的人來看，或許會認爲僅占整體的二〇%並不夠精確，但解決問題最重要的是在有限的時間內完成任務，能確實辨識出問題的本質，並想出有效的策略。

有鑑於於這個目的，就算我們花費大量的心力擴及八〇%的細節，也不太可能獲得顯著的回報。與其如此，不如專注於重要的二〇%，這樣基本上就能看見事物的本質。因此剩下的八〇%都是可以捨棄的細節，這就是八二法則的理論（**圖4**）。

然而嘴巴上說得簡單，我們到底要如何辨識出那二〇%呢？如果我們弄錯了對象，選到枝葉部分的二〇%，或是不小心捨棄了重要的二〇%，情況會變得如何呢？

因此下一個重要步驟，就是**辨別哪些是本質的二〇%**，確認哪些部分具有衝擊性，將焦點集中在該處的問題本質上。

[圖4]

**八二法則**

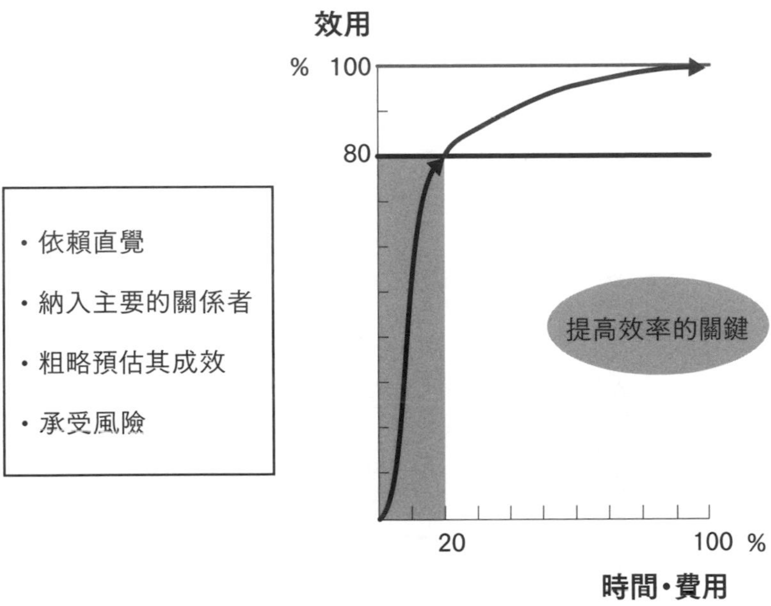
效用
% 100
80
・依賴直覺
・納入主要的關係者
・粗略預估其成效
・承受風險
提高效率的關鍵
20
100 %
時間・費用

# 不要摘採低垂的果實

該怎麼做才能聚焦於重要的二〇%？

這需要**根據子議題對整體的衝擊性來排列優先順序**。那麼具體該怎麼做呢？

在這裡，時間軸是一個很重要的因素。要用什麼方案來解決問題，會依據時間軸的位置而完全不同。究竟是要將短期現象做個整理後稍加改善就好，還是願意投入長時間解決根本問題？**想要獲得什麼樣的成果，就投入多少精力在時間軸上，而聚焦的重點自然便有所差異**。

此時，做法大致上可以分為以下兩種。

其中一種做法是，先從自己做得到的事情、簡單的事情著手。也就是所謂的摘採「低垂的果實」（low hanging fruit），目標瞄準那些能馬上摘下來的水果。

然而低垂的果實即使摘採得再多，也不會造成任何衝擊性，我們的手始終無法碰觸到高處的果實。倘若一個不小心，就很難再摘到水果了。

雖說這種做法是權宜之計，但仍要花不少時間解決，最終甚至可能會帶來副作用，讓我們以爲自己一直在做事，實際上卻一點也沒有努力去摘取高處的果實。

另一種做法是從有衝擊性的事物開始下手。雖然要花費較長的時間，過程也比較困難，但這個選擇卻能解決根本問題。對自己有信心（過度自信？）、自認爲有能力解決問題的專業人士，往往會毫不猶豫採用這個方法。

但是在大多數的情況下，這種方法又會變得太過沉重、難以收拾，而且很難得到結果，所以也很難說它是絕對正確的優先順位。

那麼我們到底該怎麼做才好？如果將這兩種因素結合起來考慮，是否可行呢？

依循這個思路，我完成了第一一八頁的**圖5**，圖表中的縱軸表示衝擊性，橫軸表示速度。

# 設定優先順位的方法

什麼是「衝擊性」？

就企業經營的角度來看，所謂的衝擊性當然就是指收益（bottom line）。只要沒有收益，事業便無法繼續經營下去。因此不與長期收益有關係的事物都不重要。以營業額為一兆日圓規模的企業為例，如果議題所帶來的收益衝擊不到一百億日圓以上，那就沒有必要當成是最優先處理的案件。

既然事關企業的經營課題，收益衝擊當然是決定優先順位時最重要的因素。

另一個因素是「速度」。在衝擊性相同的條件下，例如：都涉及一百億日圓的利益，則達到目的所花費的時間便會影響優先順位的變化。

圖5的橫軸與縱軸便分別劃分出三個等級。

重視衝擊性的人會即刻著手進行「7號」區，儘管這裡具有很高的衝擊性，但卻是花費較多時間的類型。會選擇7號區的人心中的理念是：「不趁現在趕快解決這個問題，那就爲時已晚。」「大家都做簡單的部分，卻對重要的事情置之不理。」

另一方面，重視速度的人則會從5號區下手，這麼做的確能迅速得到成果，但造成的衝擊性卻小很多。

從7號區著手的人，便是那些參加大學入學考試時，會先從最難的題目開始寫的類型。然而時間到了卻連一題也寫不出來，最後拿到零分。他們可能具有相當的實力，但無疑都落榜了。

既然如此，從簡單的5號區著手是否會有好結果呢？這裡也有陷阱。同樣以大學入學考試爲例，相當於從簡單的題目開始寫。大家都知道，這種程度的題目無論寫了多少，分數都不會太高。如果不解決那些可以得到高分的難題，結果很容易落得不及格的下場。

既然5號也不行，7號也不行，那麼答案肯定是1號！不但能造成高衝擊性，而且還能立刻產生效果——從1號下手就是正確的選擇。

[圖5]

**設定優先順位的方法**

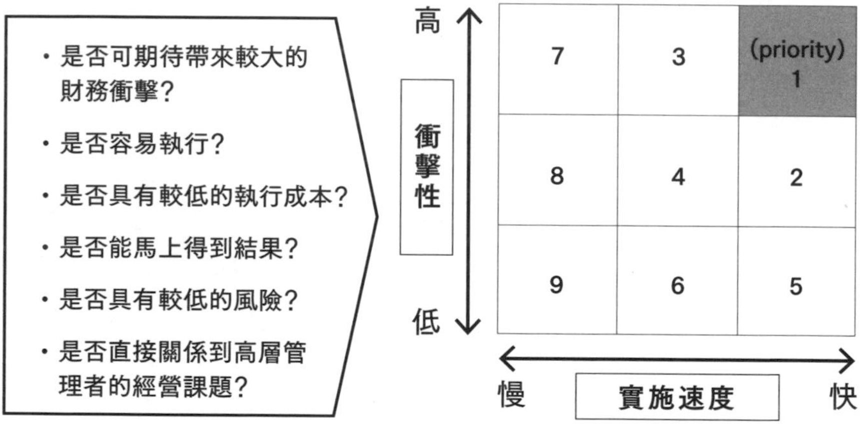
・是否可期待帶來較大的財務衝擊？
・是否容易執行？
・是否具有較低的執行成本？
・是否能馬上得到結果？
・是否具有較低的風險？
・是否直接關係到高層管理者的經營課題？
高
衝擊性
低
7
3
(priority) 1
8
4
2
9
6
5
慢
實施速度
快

那麼難道永遠都不要碰7號區嗎？

才沒有那回事，**只要將7號再細分成1號這種類型就行了。**

**因爲7號區的「結構化」仍嫌不足，還保留著較龐雜的結構，**所以處理起來要花比較多的時間。如果將它拆解得更細碎一些，重置爲像1號那樣的結構，那樣一來問題便會迎刃而解。

像1號這種最優先的課題，大多數的企業早就著手處理了。最容易被擱置的課題便是7號，它會如白蟻般一點一滴的侵蝕企業的骨架。因此**如何將難以處理的7號重新解構爲1號，這有賴於顧問的高明手段**。

如此這般，**將課題加以結構化拆解成「議題樹」，其中重要的樹枝再細分爲更小的議題，這個過程我們稱爲「議題分析」**（issue analysis）（圖6）。

想要提高解決問題的效率，**不僅要利用結構化來拆解課題，而且還要設定解題的優先順位**，這點非常重要。

[圖6]

**議題分析**

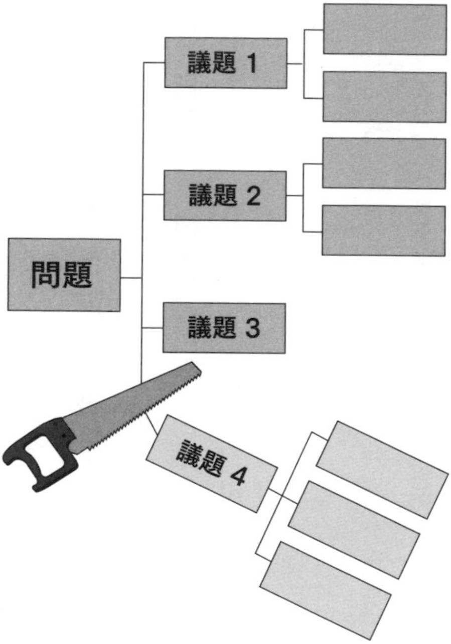


- 專注於最重要的議題
- 另一方面要注意是否有遺漏之處
- 詢問自己其中的意義(So What?)

# 回到最初的目的

當我們思考課題的本質時，必須回到哲學上討論，詢問自己「終極的目標是什麼」。事實上，在很多情況下，人們自認爲的目標，其實只是前往目標的過程罷了，並沒有仔細認清楚前方的事物。

因此再次詢問客戶：「你爲什麼以此爲目的？請再重新想一想原本的初衷。」這也是顧問的重要工作。

前段日子，我與好久不見的某大企業的社長碰面，他的身材變得非常結實。一問之下，對方表示自己參加了私人健身房ＲＩＺＡＰ[26]的課程，開始運動健身，目標是練出六塊腹肌。

事實上，近來中高齡（比較傾向高齡）男性之間，似乎相當流行要「練出六塊肌」。我覺得有些人就算將胸部到腹部之間的肌肉確實練出六塊來，也沒有地方展現吧（真失禮）！即便是這樣，他們依然要跟風練腹肌。當然也有不少人因爲過度訓練，而導致腰部疼痛的問題。

然而他們最初的目的難道是練出六塊肌嗎？這確實有可能是其中一個目標，但初衷應該是使身體變得更健康吧！

更進一步來說，他們爲什麼想要擁有健康的身體呢？

無論是健身運動，還是女性的減肥、抗老美容等等，人們一旦沉迷其中，就容易陷入極端自戀的狀態，而忘記本來的目的，還**誤以爲手段就是目的**。這種情況在團體組織中也是如此，甚至可以毫不誇張的說，絕大多數的情況都是這樣。

比方說當前流行的「健康經營」，意思是從企業經營的角度，來管理員工的健康狀況，並且有策略的加以實踐。由於能夠獲得日本經濟產業省所推出的「健康經營優良法人認定制度」標章，因此也有愈來愈多企業加入健康經營的行列。

這個概念源自於美國，最初的想法是「投資員工的健康以帶來組織的活化，最終促使業績和股價雙雙上漲」。然而，一旦開始實施之後，其原本的目的似乎逐漸被遺忘，換來的是負責單位一味要求員工的健康檢查成果，而員工方面則感受到愈來愈大的壓力……這種情況相當常見。

這裡要思考的重點是，爲什麼一開始的目標是提高員工的健康狀況？公司希望能藉此達到什麼目的？我們必須要從這個部分開始檢討。

於是對方可能會回覆：「希望能成爲改革工作方式的領頭羊。」「希望擠入大家都想進的公司排行榜中。」等等。當我們再進一步詢問其必要性後，對方可能會表示，唯有健康且充滿幹勁的員工，才是企業成長的必要條件。

但是這家企業面對次世代成長所需解決的課題卻堆積如山，健康經營是否眞的是最高的優先順位呢？

即使蒐集了許多低垂的果實，解決容易處理的問題，因而進入優良企業排行榜中，但對於企業本身的健康狀態也不會有根本性的改善。至於那些黑心企業、員工容易生病的企業，可能不在我們的討論範圍內……。

# 為什麼需要做議題分析？

讓我們具體討論一下議題樹的做法，以及議題分析。這裡再次以剛才說的那位參加RIZAP健身房的主管爲例。

當你心裡想著，自己必須恢復健康狀態，於是決定參加RIZAP的健身課程。但這麼做眞的就可以了嗎？眞的有解決你的根本問題嗎？

有鑑於此，讓我們試著進行議題分析。

首先，我們將出發點定爲「恢復健康」。

接下來，該如何建構子議題呢？

這裡有各種拆解方法。

用Why、What、How做進一步的拆解也是一種方式。

首先，是Why。想想看以下的問題：「爲何一開始要提出這個問題？」「還有更重要的問題要處理嗎？」「這是否眞的是一個問題？」

接下來，是What。想想看：「所以我們該怎麼做呢？」

到了這個時候，口頭上說的是「恢復健康」，但基本上我們就會思考：「恢復健康究竟是心理的健康還是身體的健康？」因而明白「健康」這個課題可以被分爲心理和身體這兩大類別。

在這個基礎上，假設我們聚焦於身體健康的部分進行分析。在身體健康這個議題下，假設我們不考慮疾病治療，而把重點擺在預防疾病上。

那麼想一想自己是要鍛鍊肌肉？還是要瘦小腹？或者是降低血糖值？你可以著重於內臟器官的保養，也可以從鍛鍊筋骨著手，然後再一一細分下去。

到了這個階段，再回頭問問自己：「問題究竟在哪裡？我認爲問題是什麼？」

在自問自答的過程中，有時我們可能會重新考慮心理健康這個選項：「我希望能重新點燃逐漸消逝的活力，但我之所以失去活力，是因爲眼前堆積如山的課題讓我感到筋疲力盡，逐漸喪失對未來的信心。如果情況是這樣的話，也許眞正的課題是心理健康吧？」

然而當我們努力重拾心理健康時，也可能會發現其實是因爲身體虛弱，導致自己對未來不抱太大的希望，於是再次回到身體健康的選項。

就像這樣，**在反覆詢問自己「根本問題是什麼」的過程中，將原本已經捨棄的選項再次納入考慮**，這種情況並不罕見。

接下來是How。這裡也有各式各樣的拆解法，可以分成日常生活中馬上就能做到的事情，或者是非常方式，例如：住院治療或參加專門的減重營等等，而加入RIZAP健身房也是其中一個選項。

但是如果在What階段就明白自己的課題是心理健康，那麼到了How階段，重點應該擺在如何轉換心態，並重新找回自己。與其去RIZAP健身房運動，也許進行冥想禪修會更有成效一些。

**因此請再次返回出發點。**

我們必須重新再問自己一次：「我究竟想要達到什麼狀態？根本問題到底是什麼？」

以前面那位參加RIZAP健身房的某位大企業社長爲例，他爲什麼想要練出六塊肌呢？對方給我的答案是希望恢復健康。

但是對一個六十多歲的人而言，想要維持健康狀態就必須練出六塊肌嗎？去RIZAP健身房鍛鍊肌肉是最好的方法嗎？

他原本眞正想要的狀態是什麼狀態？最根本的問題究竟是什麼？

這些都必須一個一個問清楚。

或許他眞正的願望是恢復男性機能，如果是這樣，除了RIZAP健身房以外，應該還有其他方式可以達到效果，根本不用以六塊肌爲目標，甚至他還可以利用賀爾蒙進行治療。

或者他希望能消除代謝症候群所造成的大肚腩，使身形瘦下來。若是如此，也可以在家裡控制醣類攝取以達到瘦身的目的。

儘管有這麼多種方法，但如果仍執意去RIZAP健身房和鍛鍊六塊肌，那麼他或許有展露身材、吸引年輕女性的祕密心願。若果眞如此，RIZAP健身房固然也不錯，但是應該還有其他很多手段吧（!?）。至於要不要執行又是另外一回事了。

**事實上，「只有〇〇方法才行」像這樣執著於某一種方法，在How階段受挫的情形並不**

**少見。而透過「結構化」的方式，我們就可以觀察到受挫的階段與層次。**

這就是問題「結構化」所具備的功能。

## 對議題重新定義

不過**想用最初的結構化找出課題的本質，幾乎是不可能的事**，我們必須不斷的建構、拆解、重建整個問題的結構。

讓我們回到參加RIZAP健身房的社長身上。

對於業務繁忙，每天都要應酬的他來說，即使想做有益於健康的事情，也很難找出時間來，這便是他最大的障礙。雖然曾試著不搭電梯改走樓梯，吃飯時也一定留下半碗剩飯，但卻看不出效果，而且實在難以持久。

因此他很快便選擇RIZAP健身房，報名「強制課程」，將工作時間稍微縮減，改爲去健身房運動。教練甚至會注意學員的飲食狀況，結果只花了三個月，他的身材便有了顯著的改變。沒有比這個更簡便的方案了。

在這個例子裡，當事人也是利用 **Why Not Yet?（「爲什麼還做不到？」）的自問自答建立議題，找到自己眞正的課題**。

換句話說，社長**最大的課題是沒有時間**，因此主打在短時間內確實獲得成效的RIZAP健身房，便是他的絕佳方案。

而且社長在執行期間漸漸愛上了身材改造的過程，不知不覺便把練出六塊肌當作目標。如果能持續下去，便毋須擔心瘦身常見的復胖問題，不僅能擁有健康的身體，心情也隨之變得輕鬆快活。這樣看來，三個月要價三十萬日圓的價格絕不算貴，因爲「低垂的果實」便爲社長解決了根本的問題。

我也仔細詢問社長關於「練出六塊肌」的想法。對他而言，這只是持續上健身課的一個過程罷了，他的目標始終是維持身心健康，似乎無意要吸引年輕女性的青睞。

若要認眞解決問題，就需要不斷的修改議題，因而進展緩慢。遇到這種情況時，不妨**先提出一個假設嘗試一下**（「就當作被騙了，先上三個月的課程試試看」），**有時這也可能是通**

**往根本問題的捷徑**。

等問題解決後，再開始行動的直線思考是無法解決現實問題的。**先實際做做看，利用過程中學習到的事物對議題重新定義**，這種螺旋式思維才能在這裡發揮功效。

## 貫徹衝擊性思考

接著即將進入本章的重點歸納。雖然有許多公司在進行大量的分析，但絕大多數都是浪費時間，並非做出詳盡的分析就可以了。如同前面所述，我們該做的是拆解議題（議題分析）並排出優先順位，然後**明確的判斷自己該做哪些議題**。這麼一來，作業量就會降到十分之一以下。若依照八二法則，最多也只有五分之一，這正是**「衝擊性思考」**。

**議題分析的步驟基本上依照下列的順序：**

## Why→What→Why Not Yet?→How

在深入追究What的過程中，如果失去了最初的目標，就要回頭想想Why。

在詢問How之前，先提出「Why Not Yet?」進行自我檢視，才能更接近企業獨有的根本問題。

此外，關於How的細節部分，由於已經非常清楚客戶的現場狀況，因此詢問時無需介入太多，聽任現場自然發展即可。

顧問的職責如下：

・牢牢掌握全局，不要遺漏重要的議題。
・明確定義出議題的推動順序以及時程表。
・與管理者一起確實掌握KPI[27]（關鍵績效指標）。

剩下的事情便順著現場的自主性發展，倘若現場員工能將公司的事當成「自己的事」並付諸實行，我們便能迅速確實的取得成果。

這就是利用衝擊性思考解決問題的要訣。

# 八二法則的陷阱

前面向大家介紹了八二法則，但其中有一個很大的陷阱我們不得不注意。

大家應該都聽過「長尾」[28]這個詞。當我們要根據銷售排行榜，描繪出銷售額的曲線圖時，暢銷商品便是恐龍高舉的頭部（head），利基商品則是恐龍的長尾巴（tail），因而得到長尾之名。

就過去的市場行銷常識而言，理所當然會把火力集中在二〇%的頭部，因爲這部分的營收便占據整體營業額的八〇%。

然而由於電子商務的出現，使得上述這種八二法則潰不成軍。就連知名的亞馬遜（Amazon）線上購物網站，都充滿了種類繁多的長尾商品。事實上這部分的銷售額已經超過總銷售額的一半。這證實了相較於暢銷商品，消費者更關心「物超所值的好物」或「稀奇的商品」。

解決問題也是同樣的道理，如果將八二法則奉爲金科玉律，很有可能會被人人關注的事物攫取住所有的目光，因而漏看了那些出人意表的眞相（物超所值的好物）。

事實上，有一家日本企業從前便注意到這一點，並以追求長尾商品爲企業宗旨。那家企業便是日立製作所（Hitachi）。

該公司的傳統是「拾穗精神」。拾穗，意指在歐美地區的麥田中，撿拾收穫後掉落的麥穗。拾穗精神便意味著「鉅細靡遺的蒐集事故的原因，深究其根本原因，從而尋求澈底的對策」。這可以說是日立公司用以保證其品質與可靠性的主要精神。

對商品懷有完美的期待，有時可以找出容易漏看的眞正原因。在電力、鐵路等社會基礎建設的事業領域裡，這是非常珍貴的精神。然而若懷著「拾穗」的精神來解決企業所面臨的每一個問題，又有進展緩慢的缺點。事實上，大家有時也會揶揄日立公司的決策速度緩慢，這大概要歸咎於他們的拾穗精神吧！

然而峰迴路轉，到了現代社會，拾穗精神便成爲解決問題時可採行的新方法，因爲有了

IoT[29]和AI工具，就可以在一瞬間對所有的事物進行分析。

**八二法則適用於數據解讀能力有限的時代，那個時代正逐漸成爲過去式。**

# AI可以取代人類解決問題嗎？

如果前面的說法是事實，在解決問題的世界裡，人類是否終將被AI取代？大家心中當然會湧現這樣的疑問。

具備深度學習[30]能力的AI系統，此時已經實現了飛躍性的進化。不僅擁有不亞於人類的視覺，從智慧喇叭的裝置來看，其聽覺也取得了長足的進步。

至於五感中另外的三個感官，即觸覺、嗅覺、味覺，AI仍未達到動物的水準。當然總有一天它會在這些領域裡發揮驚人的學習能力。

不過，唯有一項能力是ＡＩ絕不可能擁有的，你猜是什麼？

**答案是超越五感的「第六感」**，亦可稱爲「直覺」。那是超越過去的認知和邏輯的獨特力量，也是能夠預見不可測的未來的能力。

這種人類獨有的能力不容ＡＩ仿效，需要充分運用五感與大自然互相感應交流，幾經錘鍊後才能產生的能力。

關於這一點，我會在第三部再次說明。

**本章重點整理**

- 將課題（議題）細分爲子議題之後再處理。
- 不用解決所有的議題，應視其衝擊性與執行速度的不同，而設定優先順位。
- 企業經營最重要的衝擊性指標便是收益。

## 本章重點整理

- 將衝擊性大、需要長時間處理的議題加以細分，便能提高執行速度，並以最優先順位處理。
- 解決問題是一種螺旋狀的過程，先破壞之後再重建。
- 先實際做做看，從經驗中學習，再重新啟動問題解決的流程。
- 在美國的亞馬遜購物網站上，長尾商品的銷售額超過總體的一半，打破了長期以來的八二法則。
- 只要利用ＩｏＴ（物聯網）和ＡＩ工具，就可以在一瞬間對所有的事物進行分析。而八二法則適用於數據解讀能力有限的時代，那個時代正逐漸成爲過去式。
- 人類擁有超越五感的第六感，即直覺，這是不容ＡＩ仿效的獨特能力，更是預見不可測的未來所必備的能力。

# 第五章

# 建構框架的能力①

# MECE與邏輯樹

# MECE

本章將介紹大家耳熟能詳，顧問經常使用的代表性「框架」。

首先，我們要談一談前面章節中稍微提過的MECE，這是剛開始分析問題時必須具備的重要框架。MECE是來自mutually exclusive和collectively exhaustive開頭字母的縮寫，翻譯成中文表示「**不遺漏、不重複**」（**圖7**）。

但是利用MECE進行分類看似簡單，實際上執行起來卻非常困難，其中的「不重複」更是難上加難。現實世界的事物彼此之間總有著千絲萬縷的關係，往往很難明確劃分類別。現實世界並不像數學那樣，可以直截了當的劃分清楚。

那麼該怎麼辦呢？

是否涵蓋整體（也就是不遺漏）這一點要特別注意，至於**是否重複則無須太過神經質**。

如果有重複的地方，儘管解決問題時要多處理一、兩次，但**相對於有所遺漏，重複性並不會造成什麼危害**。

談到MECE，有人會以「男與女」來做比喻，但最近這個例子卻有所爭議，因爲出現了一些跨性別的人。然而區別男性與女性並非完全沒有意義，因爲既有「男與女」這兩種類別，才誕生出第三種類別——「跨性別」。換句話說，**正因爲有重複之處，才會有新的發現**，像這種情況相當多。

進一步來說，考慮到彼此之間的相關性和互補性，從而發現無法清楚的劃分開來，這才是關鍵所在。

利用外科手術切除病灶的確很簡單，但病灶與其他各部位連動，直接切除並不能得到我們想要的答案，這就是現實情況。如果眞正的原因是不健康的飲食或壓力所造成，那麼即便切除了病灶，也會有非常高的機率復發。因此關鍵在於從各個角度進行分析，確實找出問題的因果關係。

另一方面，我們必須極力排除有「遺漏」的部分。經營企業或發展事業時，人們容易將注意力擺在眼前的市場和自己擅長的強項上，導致視野變得狹隘。但新的威脅和機會往往存

[圖7]

**不遺漏、不重複：MECE**

**（mutually exclusive and collectively exhaustive）**

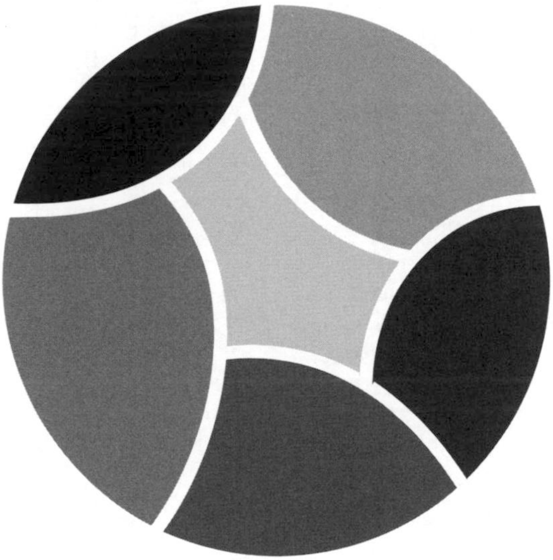

在於視野之外，那就是先前談過的各企業、各產業所特有的「盲點」。切記要時刻保持「查漏」的態度。

## MECE的重點整理

- 以「不遺漏、不重複」的態度將事物細分為更小的單位。
- 沒有必要完全排除「重複性」，「重複性」常能帶來新發現。
- 請極力排除「遺漏」的部分，「遺漏」之處往往便是盲點。

# 邏輯樹①
## 找到事業的盲點

我們通常會利用邏輯樹來進行MECE的拆解，這是解決問題時再基本不過的手法。

舉例來說，思考行銷策略時，如果設想的目標客群是「不問國籍、性別、年齡，以全世界的人類爲對象」，囫圇吞棗的思考問題而不加以拆解，那麼無論如何也不會想出有價值的見解。

讓我們以可口可樂公司（Coca-Cola）在二〇〇〇年前後的實際操作爲例子。

解決問題時必須設定目標（課題）。假設目標是提高可口可樂公司（美國亞特蘭大總公司）的盈餘。

營業額扣除成本即爲盈餘，因此我們設想出revenue（營業額）和expense（花費）的邏輯樹（圖8）。

想要提高盈餘，做法上可以降低花費或是提高營業額，也可以兩者並行。在這裡我們選擇提高營業額。

在營業額這個類別下，可以用地區來做MECE的拆解，也就是「美國」和「其他地區」。雖然這是帶有美國本位主義的拆解法，但的確符合MECE的分類方式。

接下來，分析「美國」的營業額，繼續拆解爲「可口可樂（Coke）、芬達汽水（Fanta）、雪碧（Sprite）」，這就不符合MECE的規則，因爲除此之外還有其他許多不同類型的飲料，這裡的分類方式顯然有很多「遺漏」之處。

然而亞特蘭大總公司眞心的認爲，這種拆解法可行，因爲唯有這三種商品才能創造出巨大的營業額。若從營業額衝擊性的角度思考，除此之外的商品實在無需花費精力關注。這種想法可眞是極度明快的衝擊性思考啊！

當時的美國市場或許這麼做就夠了，但相同的策略未必適用於日本。除了這三項產品之外，可口可樂的日本子公司在二〇〇〇年時已經推出了喬亞咖啡，後來陸續販售飲用水和日本茶。這些產品都大獲成功，在主力的三項商品之外，成功替公司提升了營業額。

不久後亞特蘭大總公司也對此有所察覺，新任社長（前述那位邏輯樹失誤的糊塗社長被

[圖8]

**邏輯樹①**

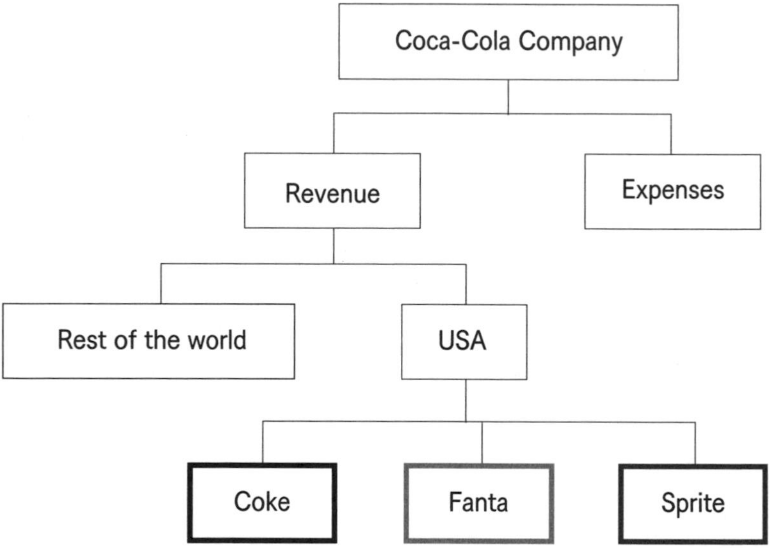
Coca-Cola Company
Revenue
Expenses
Rest of the world
USA
Coke
Fanta
Sprite

開除了）開始稱讚日本：「看看日本！」（Look at Japan）、「日本眞有創意。」

就這樣，現在的美國市場除了可樂和芬達以外，也販售著各式各樣的飲料。

換言之，MECE分析法是幫助我們找出盲點的手段，使我們再次注意到那些非MECE的議題，或者用MECE分析後捨棄掉的議題，藉此解決眞正的問題。

**MECE分析法的目的並非爲事物做出完美的分析，反而是要我們從分析不足之處看見不一樣的答案，這才是它眞正的價值。**

## 邏輯樹② 漏點分析

我再舉一個邏輯樹的例子（**圖9**）。

這裡就以零售商爲例，目標是提高盈餘。我們利用MECE分析其成本和營業額，討論的策略一樣是如何提高營業額。

客人單價×客人數量＝營業額，我想這點大家應該都能認同。接下來便是疑點。

購買客人數量＝路過人數×來店率×購買率。

根據這個公式，首先要增加路過的人數，換句話說，就是盡量將店面開在熱鬧的街區。人們常說零售商最重要的三個成功條件就是「地點、地點、地點」，一點也沒錯。店面位置便代表了一切，所以有許多行人經過的路邊一樓店面，就是地價最高的位置。

若想增加來店率，我們必須吸引路人駐足，這就是爲什麼常會聽到店家吆喝著：「大家來喲！來看看喲！」這個行爲也通稱爲「攬客模式」。

至於提高購買率，這與商品及價格有關，很難採用一般的手法。因此靠著提升「路過人數×來店率」來達成目的，相對來說會比較容易一些。

然而這麼做最後眞的沒問題嗎？

仔細想一想，這其實是非常奇怪的商業模式。

[圖9]

**邏輯樹②**

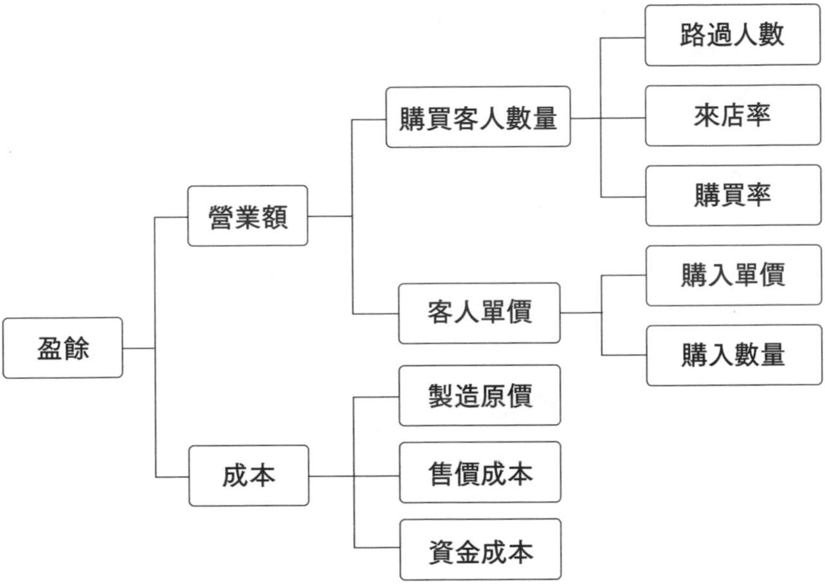

這種做法是在熙來攘往的大街上（路過人數），企圖將行人拉進商店裡（來店率）的行爲。一般而言，客人應該是懷著某種目的，才會到商店裡買東西，甚至有許多人是衝著「今日特價」而來。

換句話說，這種**乍見之下像是MECE的分析法，實則全然背離MECE的理念**。這個例子只想到路上的行人會進入商店裡購物，而沒想到會有人懷著目的來店消費，屬於一種偏頗的商業模式。

更進一步而言，甚至限定只有進入商店裡的人才是購買的顧客，完全不考慮有搭配電商、宅配等手段的全通路模式。這種分析方式遺漏了太多的要素。

現在成功的零售商，是不會依靠這種短暫的「拉客」模式。

要想「增加客戶數量」，不能只是在路過點等待，而應該讓自己成爲「目的地」，努力引起客戶的關注。想辦法吸引（pull）客戶，而非推走（push）客戶，這才是智慧的體現。

**邏輯樹的缺點在於分析之後，便以爲有了穩固的邏輯，於是便停止了思考**。

即使在相同的結果（此例爲「增加客戶數量」）下，依然有各種可能的結構，我們在思考時必須盡可能「不遺漏」。

爲此，可以**試著多畫幾張邏輯樹**。

然後再觀察不同結構的邏輯樹之間的關係。

在這個例子裡，既然思考顧客數量時，我們將顧客分爲既有顧客和其他，那麼就該思考爲何「其他」的人不能成爲顧客呢？我們應該先做這部分的分析，稱爲**「漏點分析」**。

不過也有人在「一開始就被排除，無論多麼努力也不會成爲行銷對象」。因此可以將「既有顧客」以外的對象，進一步區分爲「非顧客」和「潛在顧客」。「非顧客」是絕不可能成爲顧客的人，這些人就只能放棄了，將他們加入顧客清單中是件非常沒有效率的事。

相對之下，能藉由不同的手法使其成爲顧客的人便是「潛在顧客」。針對這些人，我們要分析他們之所以尚未成爲顧客的原因。

他們是否認爲「我們的商品沒有吸引力」？或者僅是因爲「沒有發現」我們這家店的存在？不同的原因會導致解決方式有很大的區別。

比方說，如果對方覺得商品沒有吸引力，那麼理由究竟出現在商品的種類、價格，還是品質呢？

又或者像優衣庫公司曾有過品質不好的時期，消費者受到過去的印象影響，不曉得現在已經有了很大的改善。這就是從前的顧客變回潛在顧客的案例。

無論如何，只要了解人們尚未成為顧客的理由，自然就可以找出使對方成為顧客的假設。因此在進行「漏點分析」時，可以將想得到的可能性全都列舉出來，不一定要用MECE分析法也不要緊，總之先寫在便利貼上全部貼出來。

舉例來說，在優衣庫的潛在顧客中，可能存在著一些只想得到特定品牌的人，例如：認為「居家服就是要到『思夢樂服飾』[31]去買」等等，要移除他們這種觀念非常困難。但另一方面，一旦他們對優衣庫的商品有良好的體驗，就可能會成為重度愛用者。

是否要將這些人列為行銷對象屬於策略上的判斷，或許他們有很高的機率不會是行銷對象，但不要在一開始就捨棄，我們應該先將所有的可能性都列出來，這點相當重要。

---

**邏輯樹的重點整理**

---

- 根據MECE分析法畫出邏輯樹。
- 一旦畫出了邏輯樹也不要停止思考，試著盡量寫出更多的邏輯結構。
- 檢查邏輯樹是否有所遺漏，並關注重要的遺漏之處，例如：不僅重視「既有顧客」，也要關注「潛在顧客」（但不包括「非顧客」）。

---

## 議題樹①生產現場的MECE

關於MECE分析法，這次要思考的是議題樹。邏輯樹是以邏輯方式將顧客或營業額等具體事物加以細分的工具。相對之下，**議題樹則是使議題（課題）變得具體化**。

這裡我們以生產現場爲例。這個案例是畫出生產人員的議題樹，探討導入機器人等新的工作程序後是否能提升收益性（**圖10**）。

企業經營者首先想到的是能否降低成本，也就是議題樹最上方的子議題。

另一方面，現場更在意的是產品的品質。因此最下方的子議題便討論，是否能和過去一樣保有相同的品質。

熟悉生產現場的人往往會產生這樣的疑問：「導入新事物會使現場更加忙亂，這種狀況

[圖10]

**議題樹①**

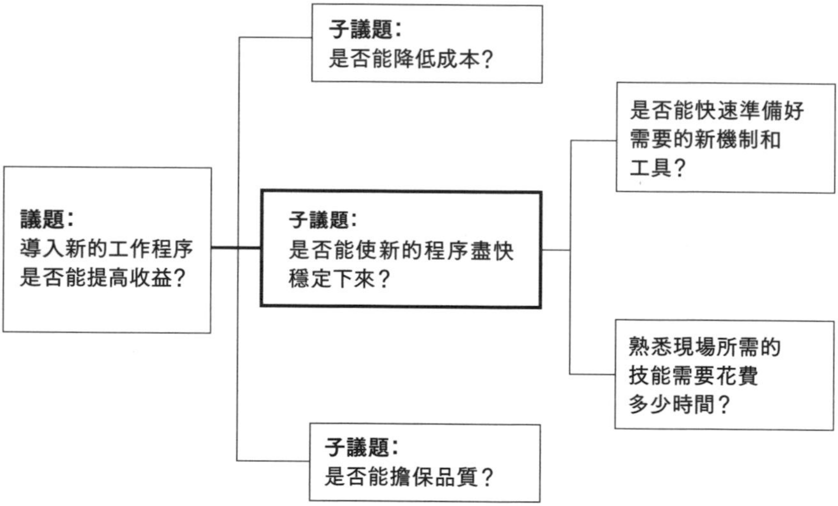
議題：
導入新的工作程序
是否能提高收益？
子議題：
是否能降低成本？
子議題：
是否能使新的程序盡快
穩定下來？
子議題：
是否能擔保品質？
是否能快速準備好
需要的新機制和
工具？
熟悉現場所需的
技能需要花費
多少時間？

是否能穩定下來？會不會反而降低生產力？」我們把這個問題放在中間的子議題。

談到收益性，我們很容易將成本視作議題，然而實際上還有其他要素需要考量。其中最容易被忽略，但卻非常重要的一點，便是能夠以多快的速度穩定下來。舉例來說，大張旗鼓投入電動車生產的特斯拉[32]，由於其生產現場沒有善加利用機器人的性能，因此花費相當長的時間才能達到量產。

那麼，若想要快速提高生產力，該處理哪些議題？

在生產現場，需要擁有多少人類具備的技能、花費多少時間，才能學習這些事物？是否存在有助於快速學習的機制或工具？

就像這樣，我們將那些與生產力息息相關的議題細分為兩個子議題——人類相關、工具相關。

然而有人會說這個議題樹不符合MECE原則，因為看不見與營業額相關的部分。事實上，成本、品質與生產力，這三者與營業額息息相關。無論是成本上升或者品質、生產力下降，確實都會造成營業額下滑。營業額與成本並非兩個獨立的函數，而我們現在要解決生產方的課題。倘若要延伸討論到販售方，便顯得失焦了。

人們對生產方的主要判斷基準是「QCD」，即品質（quality）、成本（cost）、生產速度（delivery）。當然有個大前提是安全（safety）。

在這三個條件當中，最重要的當然是成本，其餘兩者的重要性視情況也可能高於成本，因爲品質和生產力一旦出錯，便會對營業額造成很大的影響。此外，處理品質問題所耗費的精力，以及生產力的低落，也會直接影響成本。這意味著QCD也不是各自獨立的函數，彼此之間有著連動關係。

一提到生產商品，負責總公司的財會分析專員往往只關心成本，但精通製程的現場專業人員，對於品質與生產速度更加不敢鬆懈。而這裡的例子特別將焦點擺在D（生產速度）的部分。

若想讓機器人的操作過程如預設般，在工作現場有穩定的表現，請問該怎麼做呢？其中我們早已經知道，學習人類相關的技能需要花費時間。爲了彌補這個部分，就需要搭配合適的工具和機制，因此製作這張議題樹的生產現場負責人，希望對此做深入的思考。

在解決生產現場的課題時，十分有必要從QCD基準點切入分析，這也符合MECE原則。而且將焦點擺在D而非C，更能夠深入挖掘總公司容易忽略的根本課題（盲點）。

# 議題樹②調整新事業的方向

接著我們以成立新事業爲例，課題同樣是導入機器人。這裡我們利用「金字塔結構」，來討論公司是否應該拓展機器人事業（圖11）。

常見的情況如下——公司裡有人提議應該拓展機器人事業，提出的理由是：「市場正在擴大、競爭者還沒有那麼強大的實力、我們公司有足夠的技術能力。」這三個說法看似合理。

此時，我經常會反問對方：「如果有人在經營會議上提出這個案子，你會同意嗎？」

這個論述邏輯眞的正確嗎？

有沒有哪裡遺漏了呢？

[圖11]

**議題樹②**

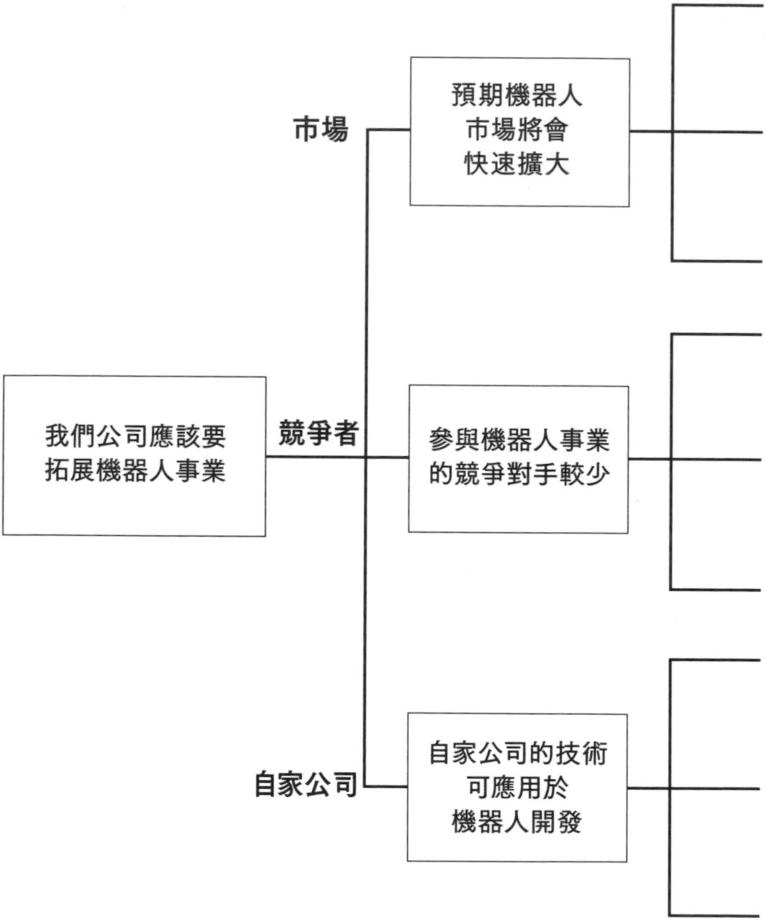
我們公司應該要拓展機器人事業
市場
預期機器人市場將會快速擴大
競爭者
參與機器人事業的競爭對手較少
自家公司
自家公司的技術可應用於機器人開發

這個說法大致上是從3C著手——顧客（customer）、競爭者（competitor）、自家公司（company），也就是之後會向各位介紹的常見框架之一：「3C分析法」。如果市場眞的在擴張，怎麼可能只有自己的公司會參與該領域，這種說法未免太過一廂情願了吧？

一般來說，情況不會那麼簡單。

說不定競爭者早已做好了各種準備，之所以還沒有展現出來，可能是因爲市場並不存在，或者賺不到錢。

面對這種一廂情願的說法，我們最好一律先打個問號。

事實上，這是某家企業的眞實案例。案例中提到的機器人是看護型機器人，這家企業早在二十年前便依據前面所提到的理由，決心展開機器人推廣事業。

結果慘澹收場……。

他們確實擁有優良的技術，當時也還沒有競爭對手出現，然而卻不見最重要的市場，因爲那些有照護需求的人不願意被機器人照顧。

這種一廂情願的想法果眞帶來了不如預期的後果，當初早該抱持懷疑的態度……。

但是故事並未就此結束，開發這款看護型機器人的企業後來取得了巨大的成功。他們開發了一種動力輔助服，用來支撐看護的腰部和腿部，以取代看護機器人。

一開始雖然失敗了，但他們已無路可退，因此努力找到了一個「調整」的市場。

如果一開始就認定「一廂情願的想法不可行」而灰心喪志，那一切便到此爲止。最初假設的理由的確有誤，但若能從失敗中學習，繼續提出Day 2、Day 3假說，最終將大獲成功。

**建立假設的目的是爲了拿來驗證**。倘若假設有誤，只要加以修正就可以了。遇到這種情況，可以**調整市場、調整公司的強項等等，這種「調整」便是有效的做法**。

關於這一點，後面的章節將再度詳細說明。

### 議題樹的重點整理

- 利用MECE的基本原則，將議題分解爲子議題，並建立假設。
- 生產現場採行QCD準則，若要掌握市場競爭環境，則3C分析法會是有效的手段。
- 驗證假設後如果發現有誤，便透過「調整」的方式逐步修正。

# 第六章

# 建構框架的能力②

## 常見的分析框架

上一章的後半部提出了「3C分析法」，接下來我們要聊聊「分析框架」。**當我們要將問題拆解成MECE結構時，就會運用到「分析框架」的技巧**。常見的「分析框架」有很多，在此我將爲各位一一介紹。

不過，我對分析框架的解說與一般的說法有些許差異，更傾向於教授大家不要掉入這些分析框架的陷阱裡。

## 常見的分析框架①
## PEST分析法

首先，來談談**PEST分析法**（**圖12**），這是取自政治（politics）、經濟（economics）、社會－文化（socio-cultural）、技術（technology）這四個英文字的開頭字母縮寫。當我們要了解外界大環境的變化，進行宏觀環境（macro environment）[33]分析時，便經常使用這種方法。

[圖12]

## PEST分析法

| | 應回答的問題 | 主要項目 |
|---|---|---|
| **政治面**<br>(politics) | 政府、法律、規則的影響會對商業帶來什麼樣的衝擊? | 法律、規則、政府、相關團體、公平交易規章 |
| **經濟面**<br>(economics) | 長期和短期兩方面的經濟影響是什麼?<br>(特別是在國際行銷中需要討論的項目) | 景氣、價格變動、儲蓄率、匯率、利率 |
| **社會面**<br>(socio-cultural) | 社會及文化會對商業帶來什麼樣的影響?<br>(不同的國家、地區會有很大的差異) | 輿論、教育程度、生活型態、宗教、社會規範、總人口、年齡結構等等 |
| **技術面**<br>(technological) | 技術會對產業帶來什麼樣的影響? | 技術革新、專利、生產技術、外匯技術 |

談到環境變化，工程師往往會想到技術革新，行銷人會想到社會－文化的變化，企業經營者則想到經濟環境的變化。因此爲了盡量以廣泛的角度來觀察世界上正在發生的變化，人們經常會使用這種分析框架。

不過在多數情況下，PEST分析法也很容易淪爲單純的整理學，而無法進一步洞察新的事物。

儘管如此，它仍有助於俯瞰宏觀環境的變化。尤其是想要掌握不可預測的環境變化，或者尋找不能以常識理解的未知市場時，使用這種分析框架便相當合適。

## PEST分析法的重點整理

- 在歸納理解宏觀環境時，PEST分析法是有效的分析框架。
- 然而這種分析法無法洞察新的事物，只能用來確認外界情況，以作爲擬定公司策略的起點。

# 常見的分析框架②
# SWOT分析法

SWOT分析法也是爲人所熟知的分析框架，針對議題的內部環境及外部環境，**觀察其優缺點**，因此大致上符合MECE的結構。

內部優點被稱爲「優勢」（strength），缺點爲「劣勢」（weakness），外部優點被稱爲「機會」（opportunity），缺點即「威脅」（threat），合稱SWOT（**圖13**）。

當企業進入顧問程序後，通常是由客戶企業裡的人員完成一般性的分析，SWOT分析法也不例外，要在圖表的四個象限中列出自家公司的特質。

事實上，這種SWOT分析法是一種整理工具，人們無法從中得出新事物，因此我們顧問不會製作這種圖表。

[圖13]

## SWOT分析法

| | | 外部環境 | |
|---|---|---|---|
| | | 機會<br>（opportunity） | 威脅<br>（threat） |
| 內部環境 | 優勢<br>（strength） | 活用自己的強項，<br>將機會發揮到<br>最大程度 | 活用自己的強項，<br>以避免威脅或<br>克服威脅 |
| | 劣勢<br>（weakness） | 爲了避免自己的弱項<br>致使機會溜走，<br>便努力的改善、補強 | 避免最嚴重的<br>情況發生 |

利用ＳＷＯＴ分析法時應該特別注意，**如果只是將問題條列成四大項目，那一點意義也沒有**，僅僅是描述情況而已。請試著畫出ＳＷＯＴ的矩陣結構，如此一來，才能看出當中的意涵，並提出假設以解決問題。

實際上，一旦畫成這種矩陣圖形，絕大多數的公司都會注意到左上格與右下格。外部環境與公司內部優勢相符合的ＳＯ領域，就是我們應該全力以赴的位置，這裡正是決勝關鍵。另一方面，ＷＴ領域則會對公司的弱點產生威脅，是我們應該特別戒備之處。當然這裡多半會設置警戒網。

反之，**左下格與右上格便是人們經常漏看的部分**。

左下格的ＷＯ表示外部環境順風順水，但自己不具備優勢的領域，人們往往容易放棄這裡。不過，如果透過突發性的手段，例如：併購或與其他公司合作等等，改善自己的短處，便有可能將ＷＯ轉變成左上格的ＳＯ。

另一方面，右上格的ＳＴ是公司的優勢區塊，同時也是受到外界威脅的領域。這裡最容易被那些顛覆傳統遊戲規則的人所突破，但對公司而言卻是最難介入的地方。當你愈想守住公司長久以來的強項，便愈容易處於劣勢的地位。話雖如此，要否定公司的強項也很困難。

事實上，**最大的盲點並非右下格，而是這裡**。哈佛大學教授克雷頓．克里斯汀生[34]亦曾指稱這裡爲要害，稱其爲「創新的兩難」[35]。

那麼究竟該採取什麼方法才有效呢？

克里斯汀生教授主張，「對抗破壞性參與者（disruptor）的唯一方法，便是自我破壞（self-disruption）」。換句話說，便是使自己變成破壞者。

在自己的公司裡刻意培養一批斬首部隊，促使下一輪創新發生，這種做法可以消除空白地帶。

## ——IBM創新的兩難——

這裡以九〇年代初期的ＩＢＭ公司爲例。曾以大型電腦（mainframe）而風靡一時的ＩＢＭ，當時正面臨破產危機。

面對主從式架構（client–server model）這種輕便系統的出現，ＩＢＭ仍堅守自身的大型電腦優勢，保持左上格的策略。就性能上而言，大型電腦確實具備壓倒性的優勢，但現在伺服器也足以處理企業中大多數的業務，而且價格比大型電腦更便宜。再加上個人電腦

（PC）的功能有了飛躍性的提升，許多業務軟體都不再需要依賴大型電腦主機。

這就是「創新的兩難」。正因爲IBM在大型電腦領域裡擁有卓越的技術，所以當看似弱勢的新公司從底層攻克而來時，他們並不以爲意，導致最終輸掉了市場。

關於左下格的策略，IBM親自投入開發UNIX系統的伺服器OpenServer。如果他們積極與當時急速成長的昇陽電腦（Sun Microsystems）等新興勢力合作，或許能加速扭轉原本的情勢。

至於右上格的策略，IBM在距離總公司相當遙遠的佛羅里達州，派遣了PC開發部隊。依照理論組織了自我破壞型的其他單位，繼而成功開發出一款名爲Think Pad的PC商品，當時非常受到大衆的喜愛。

然而，對於IBM來說，PC商品並非他們的主流事業，經過十幾年後便出售給中國的聯想集團（Lenovo）。

最後，IBM死守著左上格的本業，這也導致了IBM的沒落。

這種情況並不僅限於IBM公司，而是普遍的現象。當公司遭受外來的攻擊時，便逃竄至自己的優勢領域，最終輸掉了比賽。如同在第二次世界大戰時，日軍爲了迎向即將來臨的本土決戰，而紛紛削尖了竹槍一樣。

左上格確實能帶來最大的投資報酬，但那完全要依賴外部環境持續提供的「機會」。當「機會」的範圍逐漸縮小，若仍頑固的堅守著這裡，自己的路也會變得愈來愈狹隘。

因此**利用SWOT分析法思考議題時，我們的注意力不可以只放在顯而易見的領域上，反而應該關注一般人沒有想到的領域**，這點非常重要。

### SWOT分析法的重點整理

- SWOT分析法經常流於單純的整理學（了解並順應現況）。
- 運用SWOT分析法時，相較於顯而易見的「優勢×機會」和「劣勢×威脅」，更應該關注「劣勢×機會」和「優勢×威脅」。
- 面對「劣勢×機會」的領域，採取併購或合作都是有效的手段。
- 面對「優勢×威脅」的領域，就組織「自我破壞」單位予以抗衡。

# 常見的分析框架③
# 3C分析法

在議題樹的主題中提到過的3C分析法，是一種非常值得玩味的分析框架。但若原封不動的遵循著「顧客」（customer）、「競爭者」（competitor）、「自家公司」（company）這三種獨立的敘述方法進行分析，卻又顯得平淡乏味，這就是一般的3C分析法。

大抵而言，市場可以被拆解爲需求面（customer）和供給面，然後再把供給面細分爲其他公司（competitor）和自己的公司（company）。乍看之下，這似乎符合MECE的結構，實則不然，因爲當中有太多的缺漏之處。我們**不用考慮該如何消除重疊，反而應該找出重疊的部分，這才是重點所在**。

因此請試著把這三個圓環疊在一起，如**圖14**所示。

[圖14]
3C分析法

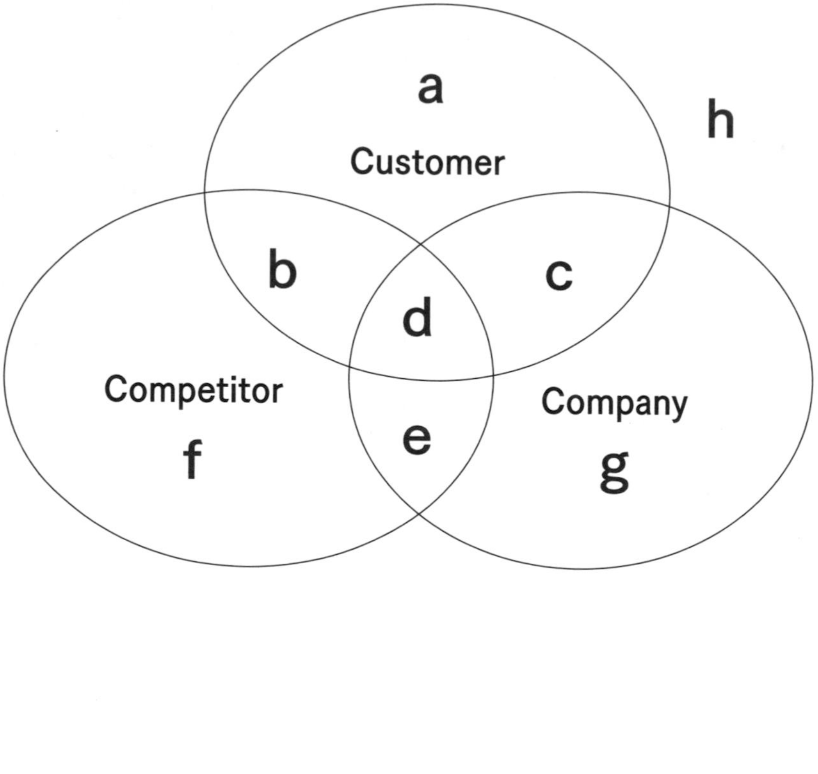

三個圓環可以劃分出七個區域，加上外圍便是八個區域，接著我們將這八個區域一一編號爲a至h。這麼一來便完全符合MECE原則。

這麼做能使我們深入洞察其中的關係，例如：當中最具有魅力的市場在哪裡？關於這一點大家應該意見分歧。

或許有人認爲是d區，這裡匯集了顧客、競爭者、自家公司三個要素。雖然處於競爭激烈的紅海中央，但在大多數的情況下，卻也是當時最大的市場。經歷一番苦鬥後勝出的公司就會在d區，我稱之爲「街頭霸王」(street fighter)。

可能有人的意見是c區，這裡沒有競爭者，只有顧客和自家公司，可以說是一片藍海，我稱之爲「蜜月區」(honeymoon zone)。

然而像這種好事平常不會發生。大家回想一下先前的看護機器人案例，假設眞的有這樣的市場，很快就會有競爭者介入使其變成d區。大多數的「藍海」都只是幻想或短暫的美夢罷了，所以我才會稱它爲「蜜月區」，因爲這種狀態無法長久持續下去。

b區正好和c區相反，從自家公司的角度來看，這裡是絕佳的目標區域。我們可以趁著競爭者情勢大好時介入其中，最後這裡就會變成主戰場的d區。

精明的行銷人會以a區爲目標，因爲這裡是顧客有需求，卻還沒有人提出解決方案的區域。如果能先發制人領先其他公司，這裡就會成為理想的 c 區。

也許有人會說該去 g 區，這裡還不存在顧客，如果能巧妙引導顧客前來，就會變成 c 區，這正是所謂的產品導向（product out）。許多開發者會在這裡專心研發商品，等待顧客的到來。

f 區是鏡像區（mirror image），競爭者彷彿是反映自家公司的一面鏡子。這裡將來可能會變成 d 區，值得大家密切關注。

那麼要如何解釋 e 區呢？競爭者與自家公司在這裡勢均力敵的角力著，然而卻缺少了最重要的顧客，看起來似乎是一場無謂的戰爭。但由於多家企業的研發競爭將使技術變得愈來愈純熟，e 區市場化的可能性往往高於 g 區和 f 區，例如：碳纖維產品在市場成熟以前，便在這個區域蟄伏了近五十年之久。

h 區則放眼於未來，將來可望成為 g 區或 c 區。許多研究者都在這裡探索市場化的可能性，但在資本市場追求短期利益的趨勢下，投資這個區域的企業變得愈來愈少了。如果能像過去的半導體或 LED 產業一樣，堅定的投入這個區域，並找到商機，便有很高的機會獲得巨大的成長。

如上所述，**3C分析法的第一步便是注意重疊區域**。藉由模擬顧客、競爭者、自家公司今後的動向，得以做出種種的觀察與洞見。

### 3C分析法的重點整理

・3C分析法利用顧客、競爭者、自家公司這三條基軸來切割市場，但彼此之間若以獨立函數的形式進行分析，那便失去了意義。
・關注三者之間的重疊處及動向，才能洞察市場的走勢。擬定策略的關鍵點，在於預測未來而非分析現狀。
・藍海絕不可能長久，因此企業必須具備在紅海中脫穎而出的實力，同時更要努力創造出新的藍海。

# 常見的分析框架④
# 五力分析法

在衆多有名的分析框架中，有些如SWOT分析法般，是顧問幾乎不會使用的方法，其中之一便是波特所提出的五力分析法（**圖15**）。這種分析法能使我們了解環繞在企業周遭的威脅，明確展現出業界的收益結構，它將企業的競爭要素（威脅）分爲五大類，企圖從中找出自家公司的競爭優勢。這五大要素如下：

- 現有競爭者。
- 潛在進入者。
- 替代品。
- 供應商的交涉能力。

・客戶的交涉能力。

我絕對不使用五力分析法，因爲它僅能表現出問題的結構，此外別無所得，充其量只是描述現狀罷了。

不過，五力分析法倒可以爲我們提供線索。當我們想改變現狀時，拿來思考該從哪一方面採取行動。

此時要注意的是，極端來說，波特是「競爭策略」的專家，因此五力分析法的前提條件，是爲了要和各式各樣的競爭者搶奪市場的零和博弈[36]。

如果是成熟的市場或單純的成長型市場，這種分析法或許具備了某種程度上的意義。但如果是要創造出全新市場的正和博弈，或者是顛覆既有的市場動態之類的偶發性手段，那便不適用這個方法。

這種分析框架將顧客和商家視爲搶奪經濟剩餘（surplus）的對手，但**如今最先進的策略理論，卻將顧客和商家視爲「共創」（co-creation）的夥伴，攜手創造新市場**，甚至更進一步與競爭者合作，探討如何建構開放式創新（open innovation）的策略。

傳統的競爭策略框架顯然早已過時。

[圖15]

## 麥可・波特的五力分析法

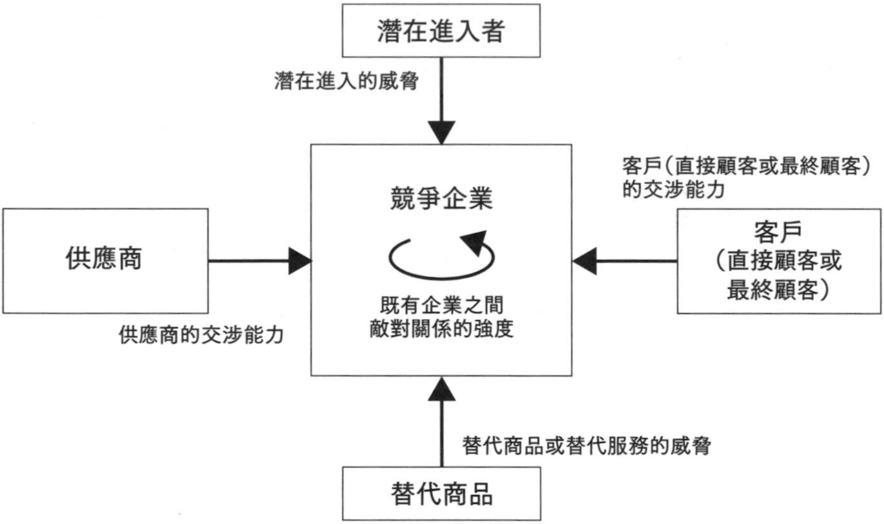

## 五力分析法的重點整理

- 五力分析法可以用來理清現狀，但不應該作爲擬定策略的前提。
- 若想要達到飛躍性的成長，就不能將顧客、供應商、競爭者三者間視爲「競爭」關係，而必須以「共創」的角度看待。

# 常見的分析框架⑤
# 價値鏈分析法

「價値鏈分析法」是波特在其第二本著作中，提出的知名分析框架，但這套做法同樣具有侷限性，我們幾乎不會直接套用，因爲它將視野限縮在自家公司內部的事物上。

如今在設計「價値鏈」時，首先要理解整體業界的結構，並在此基礎上建構自己的價値鏈分析法[37]。此時最重要的觀點是考慮：「自家公司可以做什麼？」「哪些事物要委外處理？」「哪些事物可以共同創造？」等等。**坦白說，像這種從頭到尾都靠自己解決的波特模式已經過時了**。

如同前例一樣，這種分析法對於梳理現況仍有一定的助益。然而若僅僅將常見的功能條列出來，則不見一絲洞察力。是否能夠從中得到收穫並做出改變，這才是我們需要殫精竭慮思考的地方。

首先，檢視價值鏈是否存在著過與不及的缺點？比方說從顧客的角度來看，在使用產品時、不需要產品時、想升級產品時等情況顯示，購買產品之後的價值鏈往往不夠完善。

若從產業結構的觀點來看，則存在著不少非必要、沒有效率的流程，例如：中間商（批發）、物流等等。

進一步而言，前述的「make or buy」（判斷哪些由自己製造，哪些委外處理）正是價值鏈設計中最關鍵的一點。

### 價值鏈分析法的重點整理

- 不能將價值鏈的分析限縮爲公司內部的活動，而應該從顧客和整體產業的廣泛角度重新審視。
- 在這個基礎上，再次判斷應該「補足」和「刪減」之處，以及「自行處理」和「委外處理」之處，並且做出創造性的設計。

# 常見的分析框架⑥
# 安索夫[38]成長矩陣

以市場和商品作爲基軸，將其區分爲「既有」和「新發展」兩類。這麼一來，就形成了一個非常簡單的2×2矩陣（圖16）。這套分析框架遠在波特之前的一九五〇年代便已出現，至今依然不過時，相當實用。

對企業而言，首先當然會努力的在左下方的「既有產品」和「既有市場」進行深度挖掘。但這畢竟有其極限，因此他們會認眞思考展開新的業務，考慮拓展新事業，打造新產品和新市場，也就是右上方的領域。

然而絕大多數那些作爲會以失敗告終，因爲無論是產品還是市場，他們都毫無頭緒。在日本的泡沫經濟時期，許多大企業就這樣吃了大悶虧。

[圖16]

**安索夫成長矩陣**

| | 既有產品 | 新產品 |
|---|---|---|
| 新市場 | 開發新市場 | 多角化經營 |
| 既有市場 | 市場滲透 | 開發新產品 |

**不要毫無預警的跨入多角化領域，而應該以一格爲單位，朝著橫向或上方「移動」——**這便是安索夫成長矩陣想要傳達的訊息。如果同時在兩條基軸上移動，成功的機率將無限趨近於零。但如果只在其中一條基軸上移動，便有五〇%的成功率，因爲能夠以公司現有的市場或產品優勢作爲基礎。

然後再把這裡作爲軸心繼續往上方或橫向移動。這麼一來，最終將逐漸抵達右上方的「新事業領域」。從左下角出發，以五〇%的成功率移動兩格，最終的成功率總計爲二五%。如果一下子就要跳到右上方，成功率便是〇%。只要多走一步，就能大幅度提升成功率。

一步步移動自己的優勢部分，藉此創造新的事業，我稱之爲「擴展事業」。這比直接跨足新事業的做法更加穩健，更能確實的發展和進步。

而且**相較於突如其來跨入多角化經營，更建議一格一格的移動以擴展事業，這才是安索夫矩陣的眞正價值**。

## ——透過「移動」帶來創新——

有一家公司持續六十年以上，認眞踏實的遵循安索夫成長矩陣，那就是日東電工（Nitto Denko）。該公司有所謂的「三新活動」，換句話說就是三個新的活動，也就是往上或橫向移動三次，最後就會達到右上方的目標（圖17）。日東電工最終成爲一家經常推出新產品的公司，據說其新產品占營業額的三五％到四〇％之多。

他們將美國3M公司偶然間「發明」出便利貼[39]的方法，轉化爲更有組織性的架構。

說到這裡，日東電工和3M公司一樣，皆擅長「塗層」和「黏著」的技術。透過三新活動，他們從原有的工業用膠帶出發，循序漸進跨入醫療用膠帶等領域，一步步開拓出新的商品和新的市場。接著我將進一步詳細說明（圖18）。

日東電工原本是製造土木工程用黏著膠帶的公司，例如：在搭蓋橋梁時暫時固定用的膠帶。但是他們希望膠帶不僅止於固定，於是便增加了能夠塗上塗料的功能，最後在既有的市場中推出了新商品。這就是「第一個新活動」。

另一方面，在全然不同於土木工程的醫療市場上，也對暫時固定用的黏著膠帶有需求。在進行外科手術縫合傷口之前，暫時固定膠帶便能派上用場。因此土木用的固定膠帶逐漸變成外科醫師手上的醫療用品。換言之，他們將既有商品擴展到新的市場上，這便是「第二個新活動」。

接著終於移動到右上方，推出治療兒童氣喘時黏貼在胸口的醫療用貼劑[40]。日東電工使用塗層技術，使藥品滲透到貼劑上，這個產品獲得了巨大的成功。這便是「第三個新活動」。

他們並非一開始就以右上方的新事業爲目標，而是一格一格的移動，逐漸擴展視野看見

[圖17]

**日東電工的三新活動**

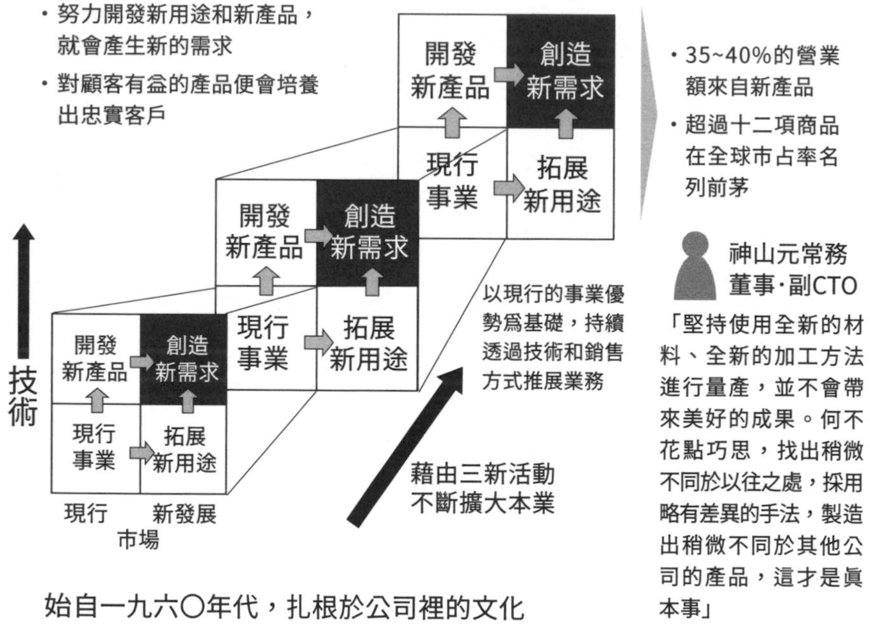

・努力開發新用途和新產品，就會產生新的需求
・對顧客有益的產品便會培養出忠實客戶
開發新產品
創造新需求
現行事業
拓展新用途
開發新產品
創造新需求
現行事業
拓展新用途
開發新產品
創造新需求
現行事業
拓展新用途
技術
現行
新發展
市場
以現行的事業優勢爲基礎，持續透過技術和銷售方式推展業務
藉由三新活動不斷擴大本業
・35~40%的營業額來自新產品
・超過十二項商品在全球市占率名列前茅
神山元常務董事·副CTO
「堅持使用全新的材料、全新的加工方法進行量產，並不會帶來美好的成果。何不花點巧思，找出稍微不同於以往之處，採用略有差異的手法，製造出稍微不同於其他公司的產品，這才是眞本事」
始自一九六〇年代，扎根於公司裡的文化

[圖18]

**日東電工的「三新活動」案例**

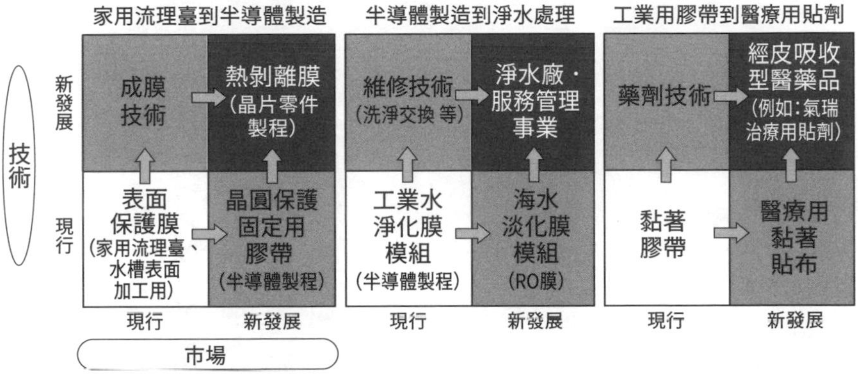

新的市場，這點正是關鍵所在。

日東電工持續這樣的事業模式，開拓出各式各樣的新市場，並不斷增加新技術。他們**藉由反覆的「移動」，在當初從未想像過的領域裡開拓出新的事業**。這便是日東電工近數十年的進化史，充分展現出企業利用自身優勢，進行創新的基本技巧。

**無論是從市場面或技術面進行移動，任何企業都能因此得到有效的創新**。這套分析框架雖然簡單，卻具有強大的力量，建議大家好好利用它。

## 富士軟片的「過渡迴廊」

接著，我們來看富士軟片（Fujifilm）的案例。

富士軟片當初也想要利用安索夫矩陣來創建新事業，但即使在既有的產品和市場上一格一格穩健的移動，也無法輕易獲得答案，於是他們便想出了3×3矩陣（**圖19**）。在移動格子之前，先對產品和市場進行要素分析及重建，並把這個過程擺在原分析框架的正中央。

舉例來說，如果忽然將相機底片拿來生產化妝品，本來就是不可能的事。想像一下在臉上塗抹底片材料的畫面，這與時尚的化妝品一點也扯不上關係。

因此，我們要在中央的格子裡先將底片的主要技術進行拆解，抽出膠原蛋白和奈米科技

[圖19]

**富士軟片的成長矩陣**

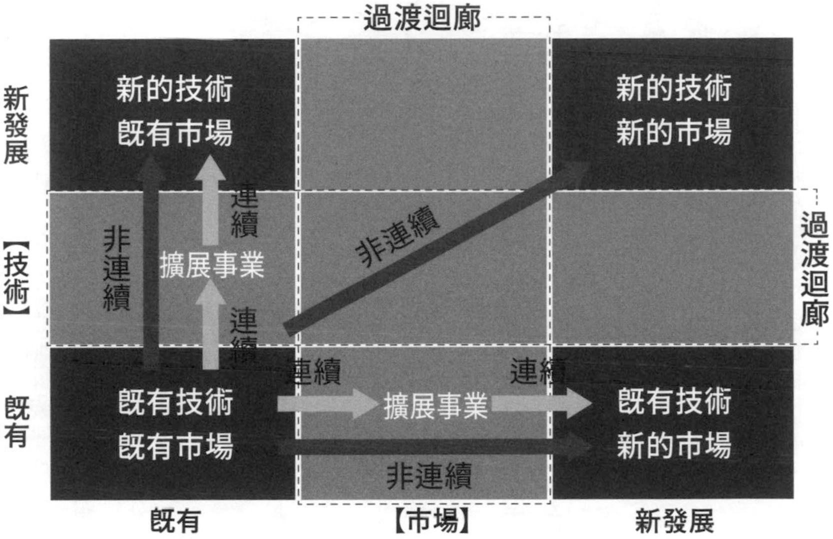

等核心技術，接著將這兩項技術結合，得出「抗老」這個關鍵字。

另一方面，在化妝品市場上，熟齡女性之間對於「抗老」的需求開始提高。機能性化妝品取代了一般時尚的化妝品，成爲高成長市場，於是富士軟片隨即萌生出進軍的想法，他們的固有技術便成爲很有吸引力的賣點。

富士軟片將矩陣中央的格子稱爲「過渡迴廊」，能幫助他們更加靈活的「移動」產品及市場，並加以「串連」起來。

在過渡迴廊中對技術和市場進行要素分析，期待能找到匹配的領域。當我們仔細拆解自己所擁有的特點後，即便當下無法立即應用，未來也會更容易轉換爲新的事物。

**將公司的核心競爭力進一步深入分析，同時也細膩的區分市場的需求，自然就能看見值得擴展業務的區域**。這不僅適用於富士軟片，也是各行各業都能夠利用的方法。

**「過渡迴廊」會將「新事業領域」和「本業」之間「串連」起來**。對於原本以相機底片作爲本業的富士軟片而言，化妝品事業是差異性極大的新事業領域，但只要有該公司的核心競爭力，就能另闢蹊徑，看見新的商機，故而誕生了新的品牌「艾詩緹」[41]。

富士軟片的執行長古森重隆，便將化妝品事業視爲超越相機底片的「第二次創業」的象徵。他希望能爲全公司帶來啟示，儘管化妝品事業與底片的關係看似相距甚遠，然而利用公司本身的優勢參與其中，不將自己侷限在底片事業上，藉由「過渡迴廊」便能進一步挑戰新的事業。

## 安索夫成長矩陣的重點整理

- 以市場和商品作爲基軸，分別區分爲「既有」和「新發展」兩類，形成一個2×2矩陣。但如果毫無準備跨入「新×新」領域，便會因爲沒有任何優勢，而導致必然的失敗。
- 將其中一軸維持在既有的位置，另一軸則移往新事業領域，便能提高創新成功的機率。
- （升級版）設定3×3的成長矩陣，並在矩陣中央插入「過渡迴廊」，藉此便能另闢蹊徑，找到前進的新方向。

# 矩陣的威力

既然提到了安索夫成長矩陣，我想先談一談矩陣的威力。

當顧問遇到任何問題時，幾乎總會繪製矩陣加以分析，而且是二維矩陣（因爲三維矩陣很難理解）。

此時最重要的是矩陣的兩條基軸。可以這麼說，設定基軸的方式將會對答案產生決定性的作用，**基軸就是決勝關鍵**。因此我們必須非常努力思考什麼是最符合目標、最適當的基軸。

最糟糕的基軸設定，便是設定成彼此間具有相同走向，或者互相影響的兩條基軸，這在麥肯錫總被戲稱爲「蚯蚓做愛」。

舉例來說，年齡和經驗值通常呈正比關係（當然偶爾也會有年長卻無知的人），因此不能同時設定爲基軸。反之，隨著年齡增長，體力通常會逐漸衰退，兩者之間呈反比關係（雖然我很驚訝有些超級大老闆愈老愈有活力），因此也不能同時設定爲基軸。

## ──價值與成本矩陣──

然而，乍看之下似乎呈現正比或反比關係的兩條基軸，事實上也可能相互獨立，這當中往往潛藏著傳統常識的盲點。

以價值與成本兩者之間的關係爲例。一般而言，如果提高商品的價值，成本便會隨之上升。反之，如果抑制成本，也就難以提升價值。至於那些低價值高成本的商品，當然就不在討論範圍內。波特的競爭策略明確將這兩者的關係擺在對立面上。

波特認爲，**以價值爲訴求的「差異化策略」和追求成本競爭力的「成本策略」**，再搭配其他競爭對手忽略的隱形小衆市場的**「利基策略」**，便是確立競爭優勢的三個致勝模式。但同時追求差異化和成本競爭力，卻會讓企業陷入兩難（stuck in the middle），必然招致失敗，因此必須明確選擇其中之一。

乍看之下這似乎是非常淺顯易懂的道理，但卻又太過理所當然，顯得了無新意。若汲汲營營於成本競爭，結果便會掉入商品化的陷阱，陷入競爭激烈的紅海之中。

另一方面，如果無視成本而光注重商品的差異化，就會使自己的市場愈來愈小，這樣無異於是選擇小衆市場的利基策略。無論是選擇哪一條路徑，都無法打造長期的競爭優勢。

## 聰明精省策略

根據波特的理論，差異化和成本競爭力兩者之間爲反比關係，如**圖20**的矩陣所示。但是這張矩陣圖的右上方空格爲一片空白，也就是高價值低成本的領域，其實這裡正是最理想的位置。

要同時實現高價值和低成本確實不容易，一般人往往陷入搖擺不定的狀態，也就是左下方的空格。波特提出的二擇一概念，就策略上而言是非常合乎道理的做法，然而破壞性創新卻往往瞄準右上格的領域作爲進軍目標。

舉例來說，先前曾提及的任天堂Wii，對一般顧客而言，這無疑是一款追求新價值、降低成本的劃時代創新商品。蘋果公司（Apple）的iPod和線上音樂共享平臺Napstar等商品，提供了其他類似產品所沒有的高價值、低成本的解決方案，因而席捲全球市場。

進軍右上格領域的策略，我稱之爲**「聰明精省」（smart lean）策略**（**圖21**）。製造高價值產品實乃聰明（smart）之舉，而澈底降低成本則謂之精省（lean），這項策略同時以這兩

[圖20]

波特的競爭策略

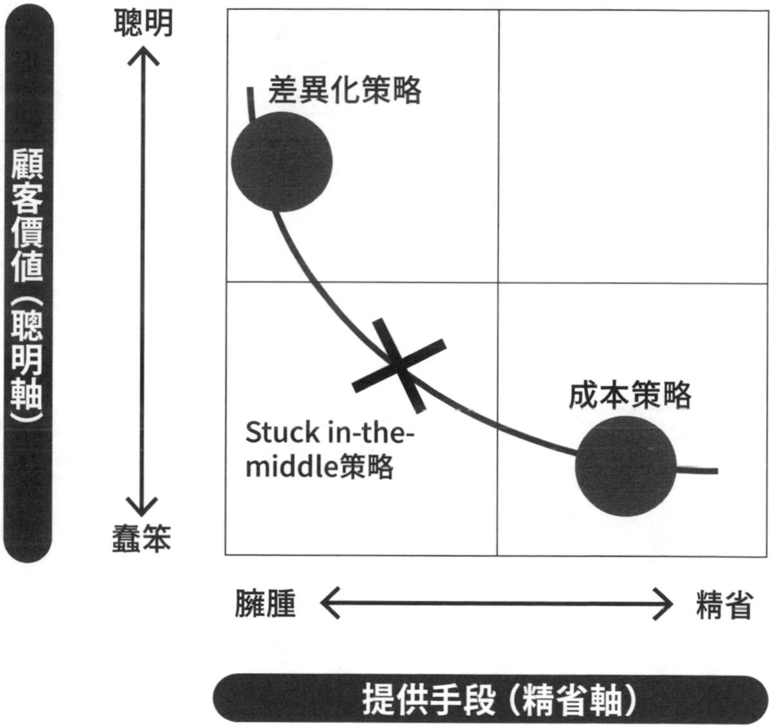

顧客價值（聰明軸）
聰明
蠢笨
差異化策略
成本策略
Stuck in-the-
middle策略
臃腫
精省
提供手段（精省軸）

者爲目標。詳細內容請參考拙著《學習優勢的經營》（暫譯）（鑽石社於二〇一〇年出版日文版）。

仔細想來，日本自七〇至八〇年代躍出全球市場之際，便採取聰明精省策略作爲主軸。無論是索尼發售的隨身聽Walkman[42]，還是豐田汽車旗下的豪華汽車凌志（Lexus），均同時具備了「聰明」和「精省」的特性，爲世界帶來很大的衝擊。

然而，隨著波特的策略理論在教科書中廣泛傳播開來，許多日本企業也紛紛下定決心，要在差異化和成本策略之間二選一。

由於成本方面無法與中國等新興國家匹敵，因此日本企業不得不採取差異化策略，結果便是失去成本競爭力，被迫從消費量龐大的大眾市場中撤退。

索尼在二〇〇〇年初期推出的QUALIA[43]系列便是典型的例子。這一系列產品以「感動」作爲行銷關鍵字，走的是超高級路線，一臺MD行動播放器便要價十八萬日圓，而高畫質液晶電視甚至超過了一百萬日圓。

其音質和畫面張力以當時的水準來說確實極爲優秀，但看到價格之後還願意掏錢的消費者，想必只有極度愛好者才做得到。這系列產品僅銷售兩年便停產了，這便是採取「聰明」策略而無視成本，最終招致慘敗的例子。

[圖21]

**聰明精省策略**

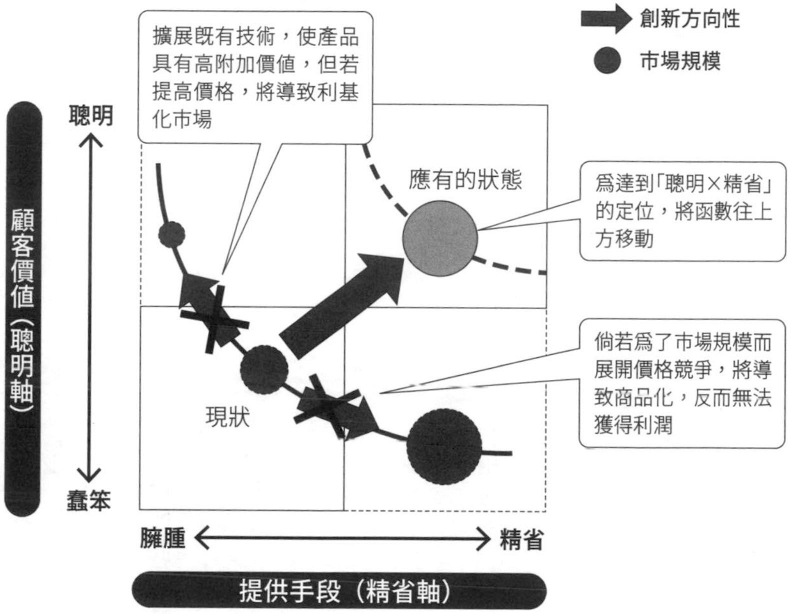
創新方向性
市場規模
擴展既有技術，使產品具有高附加價值，但若提高價格，將導致利基化市場
聰明
蠢笨
顧客價值（聰明軸）
應有的狀態
為達到「聰明×精省」的定位，將函數往上方移動
現狀
倘若為了市場規模而展開價格競爭，將導致商品化，反而無法獲得利潤
臃腫
精省
提供手段（精省軸）

波特模式極爲依賴數據計算，迫使決策者只能選擇一種策略，這就是它之所以被稱爲「定位」學派（positioning school）的理由。

這種方式確實會使策略變得更加明確、更容易理解，然而**從如此單純的策略中不可能有所創新**。

日本企業原本採取的是「聰明精省」這種劃時代的創新策略，由於學習了波特的理論，卻使得原有的創新活力急遽消退。

## 「跨國化」模式

我再向各位介紹一個記錄在全球化企業經營教科書中的知名矩陣。

經營全球化企業時，面對兩條對立的基軸，人們總會產生選擇困難。究竟該謀求**在地化**（localization）？還是該在企業模式上尋求全球的**統一化**（integration）？

如果是前者，就能夠在各地區進行深入的經營，但這便與地方企業無異，無法發揮出全球企業的經濟規模。如果選擇後者，情況便反過來了，可以在全世界的任何地方提供相同的服務，不一定非得要符合當地的風土民情。

歐洲企業和B to C企業大多採取前者的策略，因爲歐洲本身就是各地區的市場聚集地，

B to C企業則必須符合各地區的生活型態。

另一方面，美國企業和B to B企業則大多採取後者的策略，例如：IBM和奇異公司（GE）便是典型的例子。就連可口可樂這種B to C企業，也對世界各國一視同仁的兜售美國「黑色糖水」（賈伯斯的戲謔之詞）文化（當然各地的可樂口味會有所不同，這點大家都知道吧？這部分在葛馬萬（Pankaj Ghemawat）的著作《1／10與4之間：半全球化時代》（*Redefining Global Strategy*，大塊文化於二〇〇九年出版繁中版）一書中有詳盡說明。）

然而在地化和統一化未必是兩相衝突的，若將這兩種概念設定爲兩條基軸，便形成**圖22**的矩陣。

企業從左下格出發，也就是將在本國製造的商品直接銷售至海外各國的模式。由於製造過程都集中在本國操作，因此不涉及商品在地化，也沒有統一化的必要性，我們稱爲**「國際化」**模式。

而在重視在地化的情形下，便往右移動一格，即**「多國化」**，也就是分別在「各國」據點集結的模式。

另一方面，當企業要強調全球一致性時，便稱爲**「全球化」**，也就是全球共通的模式。如同餅乾模型一樣具有統一標準，日本人的說法是「金太郎飴模式」。

[圖22]

**跨國化模式**

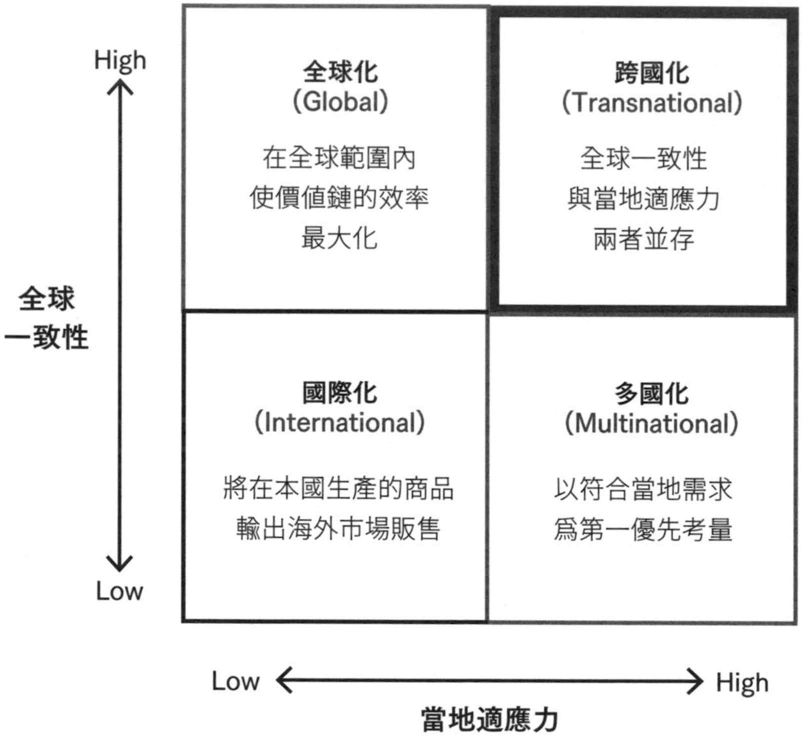

High
全球一致性
Low
全球化
(Global)
在全球範圍內
使價值鏈的效率
最大化
跨國化
(Transnational)
全球一致性
與當地適應力
兩者並存
國際化
(International)
將在本國生產的商品
輸出海外市場販售
多國化
(Multinational)
以符合當地需求
爲第一優先考量
Low
High
當地適應力

最佳模式顯然在右上格，我們稱爲**「跨國化」**模式。

跨國的意思是跨越國境，在克里斯托弗．巴特利特（Christopher Bartlett）教授等人所著作的全球策略教科書《跨邊界管理》（*Managing Across Borders*）當中，便指出跨國化模式正是企業應該追求的目標。

**這種做法既符合當地的風土民情，也具有全球一致性**，不但使企業在各國市場紮下穩固的根基，同時也能夠活用全球化的經濟規模。兩者的理論看似互相矛盾，但是若能靈活運用，便可以拿到所有的好處。

重點是，別把當地據點當作中央的附屬機關來經營，而應將其視爲抓住商機的重要天線功能。爲了充分發揮這種天線功能，有必要建立一套合適的制度，將成功地區的方法擴展到其他地區。

想當然耳，跨國化模式說起來容易，執行上卻極其困難，能完全掌握的企業極爲稀少。據我所知，目前做得最好的是麥肯錫公司。

麥肯錫公司並不存在所謂的「全球總部」（General Headquarters，簡稱GHQ），而是在各地區深入當地。儘管如此，公司裡仍然使用共通的語言、共通的分析框架，他們有一套制度能與全球的麥肯錫共享任何一個地區所產生的新知識。方才提到的巴特利特教授從前便曾在麥肯錫裡擔任顧問，我想這並非偶然。

# 從二選一（OR）走向兩者兼得（AND）

如前所述，著名的管理學家波特認爲，差異化策略和成本策略是二元對立的概念，兩者不可兼得，只能從中選擇一種。這種做法確實能使策略變得更加簡單明瞭，也能建立起某種獨特的策略優勢。但是大家可別忘了，**唯有超越二元對立的悖論，我們才能產生創新。**

日本迅銷公司的柳井正先生說，他一遇上二元對立的情境就會感到熱血沸騰。例如：前面提及的跨國化模式，柳井先生便將其形容爲「全球就是在地，在地即是全球」（global is local, and local is global），整體中包含部分，部分中又看得見整體，彷彿是打禪機似的一句話，正是哲學家阿瑟・庫斯勒（Arthur Koestler）在半個世紀前的著作《機器中的幽靈》（*The Ghost in the Machine*）中所提倡的「全子」[44]概念。對全子有興趣的讀者，可以參閱我已故的父親、經濟評論家名和太郎的著作《全子經營革命》（暫譯）。

借用曾任職於麥肯錫公司及日本一橋大學的大前輩石倉洋子教授的話，「**制定策略並非OR，而是AND**」〔引自其著作《策略轉換》（暫譯）〕。此外，借用我的同道、社會企業責任（CSR）顧問彼得．佩德森[45]的說法：「**制定策略無須權衡取捨，而應共存共榮。**」〔引自其著作《韌力企業：爲何那些公司能經久不衰》（暫譯）〕。

由前文的例子中可知，**企業的目標不是選擇「聰明或精省」，而應該同時滿足「聰明和精省」**這兩項條件。

這正是優衣庫一直以來的目標，也是日本家居品牌宜得利（Nitori）和無印良品（Muji）所追求的策略。現代的企業勝利組都是克服傳統的古典悖論，不斷進行創新，最終才能取得成功。

## —「結構與力」—

**在思考「共存共榮」的可能性時，將看似權衡取捨關係的兩條基軸畫成矩陣圖，是非常有效的方法。**

像是品質與成本、工作速度與完成度、非我所創一概拒絕的自前主義與活用他力等諸如此類關係都可以用矩陣圖表達，從而產生超越二元對立常識的創造性發想。

因此我經常說「往東北（north east）走」，東北等於右上角，只要朝著右上角前進，就能看到新的見解，這便是矩陣圖的用法。

關於這個部分，我會在第二部的第十一章詳述，這是來自於後結構主義的智慧。波特流派的顧問具有很強的數據思考特質，他們遵循「結構化」的規則，企圖在兩條基軸上找出明確的定位。麥肯錫的某位資深顧問總監毫不避諱的自詡爲「結構主義者」（說起來他總是在畫矩陣圖）。

然而結構化只不過是一個起點，如果硬是把腦海中的想法塞入結構中，就再也無法擺脫那個結構了，你就只能想出靜態的策略。

而所謂**創新需要的是動態的策略**。賈伯斯是大家公認的創新佼佼者，他總是提倡「擺脫框框！」（get out of box!）下面是我最喜歡的一句話：

「要創造出足以改變世界的新事物，唯一的辦法就是推倒大家認爲無法改變的障壁，因爲那面障壁只不過是大家對自己設下的限制而已。」（The only way to come up with something new —— something world-changing —— is to think outside of the constraints everyone else has. You have to think outside of the artificial limits everyone else has already set.）

換言之，不要乖乖的將自己的想法擺入結構之中（定位），唯有打破結構，才是動態策略的關鍵所在。**不是讓自己符合框框（結構）的形狀，你要想的是如何擺脫框框！**

不過，如果我們的目標是「out of box」，首先，必須弄清楚box（制約）在哪裡。因此**將結構化作爲思考策略的起點是有意義的**。雖然我們不是柳井正先生，但只要明白制約（悖論）所在，那裡便懸掛著創新的線索。

就像這樣，**後結構主義者首先要掌握結構，然後再從結構當中逃離**。例如：淺田彰[46]在三十多年前便在他的著作《結構與力：超越記號論》（暫譯）中，討論了後結構主義的動態策略。此外，《逃走論：分裂型人格．孩童的冒險》（暫譯）一書中也提倡，要從「居住的文明」大幅度轉換爲「逃離的文明」。這種「移動（力）」正是描繪動態成長策略時最大的武器。

**即使描繪出矩陣圖，也不能安住在固定的位置上（定位），如何不斷的往東北方向移動，才是突破成長極限的祕訣。**

# 創造共享價值（CSV）的新典範

雖然我對波特的理論提出諸多批判，但他在二〇一一年提倡了新型的「共存共榮」模式。

**那便是「創造共享價值」（creating shared value，簡稱CSV），目標是使社會價值與經濟價值兩者並存。**

社會上也開始關注「環境保護、社會責任、公司治理」（environment, social, government，簡稱ESG）和「永續發展目標」（sustainable development goals，簡稱SDGs）等新的管理課題，在這種大趨勢的背景下，CSV便成爲衆所矚目的二十一世紀管理模式。

若將波特的CSV模式繪製爲矩陣，如**圖23**所示。

[圖23]

**CSV模式**

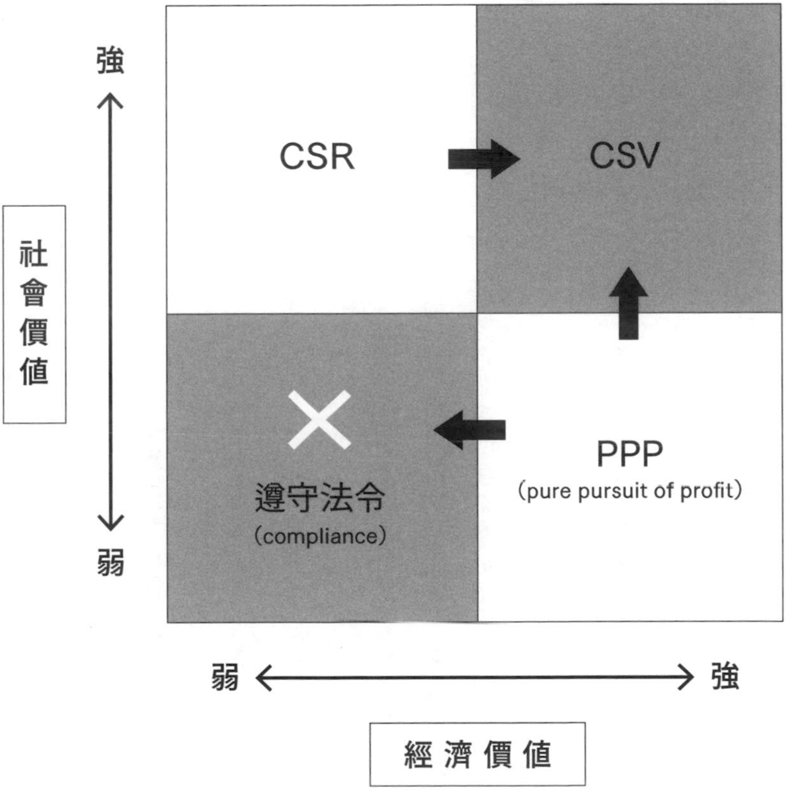
強
社會價值
弱
CSR
CSV
遵守法令
(compliance)
PPP
(pure pursuit of profit)
弱
強
經濟價值

在資本主義的社會裡，民間企業只知一味的追求經濟價值（EV），如同右下方的純粹利益追求型（pure pursuit of profit，簡稱PPP）領域。

諾貝爾經濟學獎得主米爾頓・傅利曼[47]過去曾斬釘截鐵的說：「維護就業，繳納稅金，便是民間企業的社會責任，僅此而已。」

然而沒有人能保證，這些稅金可以被正確的用來解決社會問題。即便是民間企業，也可以將一部分獲利用於具有較高社會價值（SV）的活動上，這就是左上角的社會企業責任領域。

另一方面，在PPP領域過度追求EV，因而違反社會規範的企業也層出不窮，例如：過去的安隆案，以及近期大家馬上就能聯想到的引發雷曼兄弟事件的金融機構。當然日本也不例外，像是奧林巴斯公司（Olympus）、東芝企業等問題至今仍讓人記憶猶新，之後不好的事件也不斷發生。

像這一類PPP**暴走案例便屬於左下格，不但會爲社會帶來不良的影響，也會使經濟價值蒙受巨大的損害**。因此人們重新注意到「遵守法令」這一管理議題，不過這只能阻止負面衝擊所帶來的影響。

那麼可以帶來正面衝擊的領域在哪裡？

答案是右上角，這裡正是CSV的目標。

繪製成矩陣圖之後，大家應該可以看出CSV模式和其他模式的明顯差異了吧（想深入理解這部分的讀者，請務必參考拙著《CSV經營策略》（暫譯））。

我想表達的是，波特的話確實頗有道理，但關於這個部分其實還有後續。

波特來訪日本時，我曾與他有過對談的機會，於是便向他展示了這個矩陣圖。波特大致上贊同我的看法，但卻完全不使用這張矩陣。

後來我才明白波特不碰這張矩陣的原因。事實上，如果仔細聽一聽他的眞心話，就會發現他心裡想像的縱軸和橫軸跟我完全相反。

矩陣圖的X（橫）軸表示手段，Y（縱）軸表示目的。我理所當然將經濟價值代入X軸（手段），將社會價值代入Y軸（目的）。但對波特而言卻正好相反，他認爲經濟價值才是目的，而社會價值只不過是手段而已。

但是故意將這兩條基軸反過來，其意圖自然也就昭然若揭，這就是他不使用這幅矩陣的原因。

這麼一想，**矩陣圖甚至連人的戰略意圖都能毫無保留的呈現出來**，眞是一種威力強大的工具，矩陣確實令人敬畏呀！

### 矩陣的威力的重點整理

- 透過兩條基軸所繪製的矩陣結構，那些看似二元對立（權衡取捨）的事物實則能同時並存（共存共榮）。
- 舉凡聰明精省、跨國化模式、CSV、創新、全球化、永續經營等二十一世紀所面臨的管理課題，都能利用矩陣得到解答。
- 利用矩陣圖分析出結構只是起點，若要開創未來的策略，便需要朝矩陣右上格（東北）前進的力量。

# 波士頓矩陣

談到矩陣，就不得不提及著名的波士頓矩陣（圖24），雖然已問世近五十年，但至今仍被廣泛使用。

波士頓矩陣是非常淺顯易懂的定位框架，其**兩條獨立的基軸分別是市場占有率和市場成長率，再將各事業分配到四個象限之中。可以說是開創了「事業組合分析」這種類型的分析框架。**

後來麥肯錫與奇異公司攜手合作，將公司優勢和市場吸引力設定爲兩條基軸，想出3×3矩陣的分析手法。但其基本原理和波士頓矩陣並無差別，而且使用便利性也比不上波士頓矩陣。

[圖24]

BCG矩陣

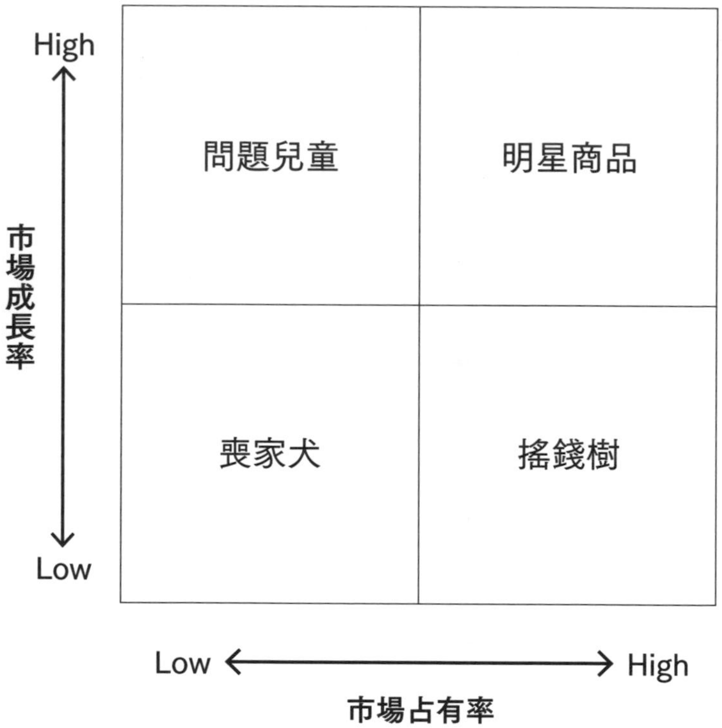

先前我們談過，富士軟片將安索夫矩陣細分爲3×3矩陣，因而發現公司的進化之路。但這樣的例子實屬意外，分析框架並不是愈複雜愈好。波士頓矩陣的設計相當簡單，而且每一格的名稱感覺上也很容易理解。

各家企業將內部的各項事業依矩陣的規劃進行分類，可以劃分爲喪家犬（dog）、搖錢樹（cash cow）、問題兒童（question mark）、明星商品（star）等四種類型。

然而這同樣只是建立策略的起點而已，**每個方格中的事業體未來會如何發展，才是事業組合策略的關鍵所在**。

教科書的標準答案很簡單。

遇到喪家犬就捨棄，將搖錢樹的金錢投資到問題兒童身上，使問題兒童成長爲明星商品。如果問題兒童始終是個扶不起的阿斗，到了市場成熟階段時，便將問題兒童降格爲喪家犬，並毫不留情的捨棄。這就是美國風格的事業組合策略，相當簡單明瞭。

## 喪家犬最終眞的只能是喪家犬嗎？

但是這裡有個陷阱。被當作喪家犬的事業，眞的無法翻轉嗎？由於其他公司也同樣在意市場成長率，因此大家會紛紛撤離不賺錢的領域。這麼一來，堅持到最後的企業，豈不是在不知不覺間獲得高市占率嗎？

本書雖然不是阿嘉莎．克莉絲蒂（Agatha Christie）的推理小說，但借用她的臺詞：「於是便空無一人。」在這種情況下，原本的「喪家犬」回過神來，忽然變成了「搖錢樹」，像這種案例也可能發生。

富士軟片的拍立得相機「Cheki」[48]便是很有名的例子。如今已經沒有公司在生產即時成像相機，寶麗來公司（Polaroid）和柯達公司（Kodak）都宣布破產，柯尼卡美能達公司（Konica Minolta）也早已停止生產相機底片，這塊市場目前正處於「空無一人」的狀態。

就在這個時刻，忽然颳起了一股Cheki風潮，使用拍立得相機Cheki蔚爲時尚。大家原本要放棄的喪家犬竟變成了明星商品，後來甚至成爲富士軟片的營業額中利潤最高的商品。

富士軟片還有一個例子是磁帶[49]，也就是用於錄放影機和收錄音機之中的卡式磁帶，現在已經完全找不到了。全都改換爲硬碟裝置，許多磁帶製造商都已停產。然而富士軟片卻保留了下來，雖然是喪家犬事業，但仍未造成虧損。

大家猜猜看後續發展如何？如今來到了大數據時代，卡式磁帶反而興起了一股風潮，搖身一變成了明星商品。

大家可能會覺得很不可思議，爲何在大數據的背景下會使用類比訊號？理由是爲了節省電費。如果使用硬碟，就必須一直保持通電，需要大量的電費。擁有龐大數據的谷歌公司就會坦言，他們現在需要一座核電廠的電量，才足以支撐運作。

倘若是歷史性的紀錄或者監視畫面，這一類事後才回顧的影片，由於不需即時讀取數據，因此可以輸入磁帶中保存，因爲磁帶不需要使用電力。

不拋棄喪家犬的富士軟片，在不經意之間培養出一棵「搖錢樹」，如今可是笑得合不攏嘴。

所以**當事業體中出現了喪家犬，是否眞的要當下立即捨棄，最好要經過審愼的思考**。說得明白一點，**如果捨棄喪家犬是有利可圖的，那麼停止投資便能增加利潤**。我們應當更加謹愼，避免在思慮不周的情況下過早放棄，而錯失了良機。

## 關於搖錢樹、明星商品、問題兒童的注意事項

接著來談一談搖錢樹。請注意，**即使是搖錢樹，若不施加灌溉仍舊會枯萎**。也就是說，沒有持續投資的事業將會很快枯竭。因此**常見的做法是把搖錢樹賺來的錢大量投注到問題兒童身上，但我們還是要好好思考這麼做是否恰當**。

進一步而言，**「搖錢樹」的周圍往往沉睡著次世代的種子（未來的問題兒童或明星商品）**。

舉例來說，人們認爲纖維事業早已從「搖錢樹」下滑至「喪家犬」等級，成爲「夕陽產業」，於是許多化學公司便將纖維事業賺來的錢，投入前景看好的新事業，例如：生物科技產業等等。

然而東麗集團（Toray）卻與眾不同，東麗的日覺昭廣社長堅定的表示：「纖維產業並非每況愈下，而是具有成長潛力的產業。」誠如各位所知，後來他們與優衣庫合作，陸續開發出Heattech發熱衣和AIRism空氣衣[50]等暢銷商品，並繼續投資纖維事業，**使「搖錢樹」的枝幹愈發成長茁壯。每年都能確實開出新的花朵，逐漸進化爲「明星商品」**。

**要特別留意的是，明星商品通常是最脆弱的事業**。教科書告訴我們，明星商品會自動順應市場機制。然而當我們意識到不對勁時，往往會發現明星商品竟在不知不覺間倒退回「問題兒童」。

在成長市場中擁有高市占率的事業，自然會成爲其他公司的絕佳目標。無論是現在的競爭對手或是新加入的競爭者，都會無所不用其極的搶奪市占率。如果破壞性創新（意即經過開發、改良的低端商品，取代了現有的高端產品）成了常態，那麼公司便會在倏忽間失去市場。

當然也有少數企業會死守明星商品的地位，而這些企業就會成為大企業併購的絕佳標的。

舉例來說，以有機超市成功打響名號、看似無法撼動的全食超市[51]，竟被亞馬遜公司整個併購；而在智慧型手機半導體產業上所向披靡的美國高通公司[52]，也曾面臨被收購的境況，如今仍令我們記憶猶新。

花朵的壽命短暫，如花朵般鮮亮的明星事業也必須細心呵護。

接下來談一談問題兒童。培養問題兒童這個策略本身是正確的，但若以未來可能會變成明星商品為由而不斷加碼投資，**沒有設下停損點的話，那麼在明星商品萌芽之前，可能會使公司的發展失衡**。

像是東芝的核能事業、松下電器（Panasonic）的液晶事業等等，便是過度投資的典型案例。

這裡再度以東麗公司為例。在碳纖維市場變得炙手可熱之前，東麗耐心等待了五十年。在這段期間，他們將這個事業體視為次要領域，僅投入最低限度的資源進行技術研發。當市場大爆發的時機來臨，東麗便迅速推出大規模的併構計畫，一舉穩固市場地位。像這樣對機會和風險的判讀，以及抓住時機的精準眼光，正是事業成敗的關鍵。

## 按照教科書的做法將不如預期

由上述內容可以知道，遵循波士頓矩陣並不能簡單的解決問題。最主要的理由是，**矩陣的分析是以當前的市場作爲前提，假設市占率和成長率都固定不變**。

**今日的市場正經歷著非連續性的變化，在現狀不變的延長線上進行判斷是極其危險的事。無論是市場成長率還是各家企業的市占率，我們都必須在大幅變動的前提下進行解讀。**

這裡再次以安索夫成長矩陣中，介紹過的富士軟片的化妝品事業爲例。

富士軟片於二〇〇六年才進軍化妝品事業，可以說是姍姍來遲。無論是當時還是今日，化妝品的整體市場成長率都非常低落，至少在日本國內還達不到三%的成長率。

更何況國內有日本的資生堂（Shiseido）、國外有巴黎萊雅（L'Oréal Paris）等大廠環伺，要在如此激烈的戰場上從零出發，想擴大市占率並不容易。若從一般的角度思考，加入戰場前便已是「喪家犬」了。

然而富士軟片仍決意參戰，他們認爲接下來化妝品市場將會有很大的成長。這是爲什麼呢？

化妝品市場之所以停止成長，是因爲過去總是重視感性大於機能。相對之下，富士軟片預期高科技的機能性化妝品市場將會有所成長，例如：打先鋒的花王(Kao)、蘇菲娜(Sofina)、寶僑（P&G）的SK-II等產品便類似這樣的理念，這些商品使化妝品市場的成長率提高到了兩位數。

富士軟片利用膠原蛋白、奈米科技等經營相片事業時，所建立起來的技術作爲武器，打入機能性化妝品市場。他們深信，面對這樣的市場將有機會擴大市占率。

換句話說，他們看到了問題兒童能夠「鯉躍龍門」，進化爲明星商品的途徑。

另一方面，即使貴爲富士軟片明星商品的數位相機，也在轉瞬間跌落神壇，成了問題兒童。數位相機的市占率完全轉移到以量制價的中國廠商，堅持走高級路線的富士軟片是否能藉由聰明精省策略扳回一城，前途堪憂。若是長此以往，很可能會和其他日本製造商的數位家電一樣，落入「喪家犬」的窘境。

總而言之，我反覆強調，**使用波士頓矩陣和其他的分析框架都一樣，最好不要事事依賴教科書。普通的使用方法只能得到理所當然的答案，我們要在這個基礎上大膽的思考，採取與眾不同的策略**，這麼一來才能得到最終的成功。

不過正因爲利用這些常見的分析框架，我們才有機會超越其他人。作爲一種分析手法，波士頓矩陣也是十分合適的起點。由此出發，途中如何利用智慧來改變遊戲規則，將是決勝的關鍵。

如同我所說的，**「分析框架的好壞皆操之在己」**，正是這個道理。好好利用波士頓矩陣，不管是問題兒童還是喪家犬，亦或是明星商品或搖錢樹，任何事業都可能會隨著今後的情勢不同，而產生完全不同於以往的新變化。

**波士頓矩陣的重點整理**

- 將市場成長率和市場占有率設定爲矩陣的兩條基軸，各事業體則分布在矩陣的四個象限當中，分別是「喪家犬」、「搖錢樹」、「明星商品」、「問題兒童」。
- 如何改變這些事業組合的未來走向便是策略重點。喪家犬可能會化身爲搖錢樹，明星商品也可能會衰退爲喪家犬。矩陣的用意在於使人思考，如何突破當前的結構。

# 麥肯錫7S模型

如同波士頓矩陣一樣，麥肯錫在這五十年間也有其著名的分析框架，名爲7S模型，它能將企業經營拆解爲七個要素。

人們經常稱波士頓顧問公司爲策略顧問，而稱麥肯錫爲組織顧問。麥肯錫在創業期的拿手絕活，確實是將功能型組織轉變爲事業型組織的組織變革。透過這種組織變革，使公司成爲關注客戶、追求盈利的企業。這也反映出波士頓顧問公司的招牌框架屬於策略型矩陣，而麥肯錫則是善於洞察組織的7S模型。

**圖25**便是麥肯錫7S模型。一切要素都是以字母S爲開頭的字詞，因此稱爲7S。這個模型大致上可以區分爲兩類，上方的深色區是硬實力S，下方的淺色區是軟實力S。

[圖25]

## 麥肯錫7S模型

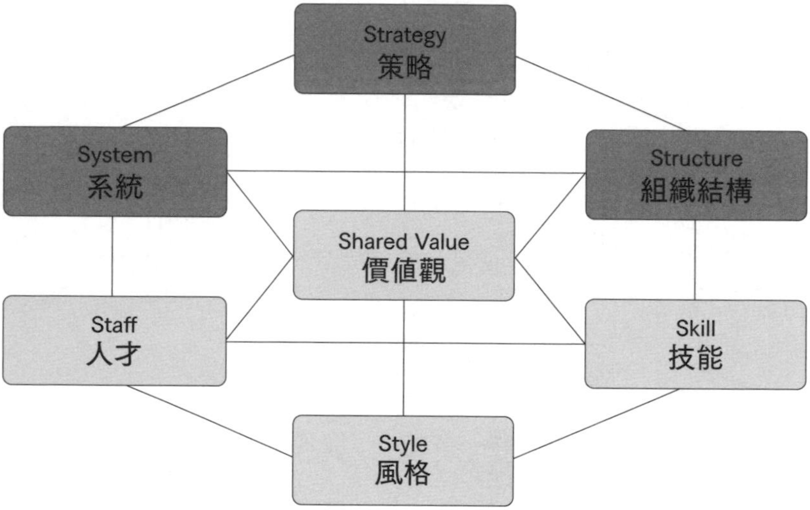
Strategy
策略
System
系統
Structure
組織結構
Shared Value
價值觀
Staff
人才
Skill
技能
Style
風格

**硬實力S包括策略（即strategy）、組織結構（即structure）、體制（即system），這個部分相當於組織的骨架和神經系統。**

**軟實力S則包括人才陣容（即staff）、能力（即skill）、行爲模式（即style）、價值觀（即shared value）等等，如字面所述屬於組織的軟實力部分。**

顧問先從這七個S著手分析組織的現狀，然後再靈活的運用這七個要素來改變整體組織，可以說是一套非常方便的分析框架。

## 7S模型符合MECE分析法嗎？

那麼這套分析框架符合MECE分析法嗎？

「這套框架是否有重要的遺漏？」面對這個問題，許多人的答案會是金錢、資訊等等。

確實，若就「人、物、錢」這三大要素而言，在7S模型中只看見了「人」這個要素。這是怎麼回事呢？

在組織的資產中，資產負債表上顯示的只不過是外部引進的資產，金額不足可以買進，沒錢買的話可以借貸。在這個資金充裕的時代，只要商業模式足夠穩健，就不用擔心資金的問題。如果商業模式能引起大眾的共鳴，也可以透過群眾募資[53]來籌措資金。

**只要有錢就能擁有的事物，都不能算是組織的實力。進一步而言，任何人都能從外部帶回來的商品化物品，便沒有內化的必要。**

資產負債表上的有形資產，大部分都沒有必要納入組織的資產之中。「無資產營運」、「輕資產營運」才是網路時代的新型經營模式。

**更重要的資產，其實是孕育出企業獨特價值的組織力，這便是來自於上述的七個要素組成。**

接下來，要檢視MECE的「重複性」。事實上7S模型中有兩處重複。

其中一處是**人才和技能**。由於公司裡不需要沒有技能的人才，因此這裡顯然是重疊的部分。

企業裡最重要的資產便是人，所以7S模型將其細分爲內在和外在兩種。「人才」意指外在的數量，英語稱爲capacity（容量），至於「技能」則表示內在的品質，英語稱爲capability（能力）。

如果員工的數量不夠，即便具備了優秀的才能，也無法擴大事業規模，因此必須要有充足的容量。然而若缺乏實際才能，這樣的員工也無法使用，因此我們才做出簡單的區分。

同理，**風格與價值觀**也非常相似。

風格意指行爲模式。例如：豐田汽車的「反覆詢問五次爲什麼」即爲其行爲模式；而本田汽車則無法接受與其他公司相同的做法，這可以說是本田的風格。

那麼這與價值觀有何不同呢？

麥肯錫認爲這也有內外之分，**「價值觀」屬於內在的信念和價值觀，「風格」則是展現在外的行爲模式**。而這兩者當然具有互爲表裡、密不可分的關係。

## 改變硬實力S

我們該如何改變這七個S，進行組織變革呢？

其中以**硬實力S較容易改變，而「組織結構」更是最容易下手的部分。只要組織的管理階層有意改變，隨時都可以做到。**

不過這麼做只是改變表面結構，內部依然沒有絲毫變化。經常有管理階層想要大幅度改變公司的組織結構，這麼做雖然能立刻改變公司的氛圍，但很快又會再回到原本的模樣。推動策略時也有相同的問題。**儘管顧問花費一個晚上便能擬定策略，但後續是否能夠執行並且穩定運作，那又是另一番光景了。**

「系統」一詞並不僅代表ＩＴ產業的系統，還包含決策過程、人才培養等等，可以說是公司的神經系統。**如果把組織的骨骼稱為「組織結構」，那麼組織的神經便相當於「系統」。**如同「豐田的生產系統」一般，只要多下功夫琢磨這個部分，便會成為該企業的競爭優勢來源。

由此可知，在三個硬實力S當中，「系統」是最重要的要素，因為它牽涉到組織的根本。

儘管如此，系統是可以透過人為設計的。**如果有意改變決策機制和人才培育機制，同樣也能夠辦得到**，就連骨骼和神經系統都能夠人為改變。因此**包含系統在內的三個硬實力S，都是顧問諮詢時經常使用到的啟動開關**。

舉例來說，假設公司的策略一直以來都是追求低成本，但未來想要轉換跑道，改為價值和成本兼顧的「聰明精省」策略，那麼為了配合這個策略，公司就要從原本講究產品類別的結構，轉變為講究解決方案的結構。與此同時，關於決策和績效評估的機制也要進行重組。

我想再度強調，當公司要改變組織結構時，僅在表面上做改變並不能撼動本質。事實上，當我們向客戶展示新的組織架構圖時，反而會被對方訓斥：「任何人都能想得到這種方法，我們不要這種解決方案。」

然而**對公司內外象徵性的展現出不同於以往的結構**，可以引發員工在態度和行為上的改變。因此當我們要發動組織變革時，經常會活用組織結構作為啟動開關。

## 軟實力S才能改變組織

如上所述，**硬實力S是用來改變組織的啟動開關，但眞正改變組織的卻是軟實力S。只要軟實力S不變，組織就不可能發生改變。唯有身處其中的人改變了、行爲模式改變了、價值觀改變了，才會使組織產生重大的變化。**

然而我們不可能用普通的方法直接啟動軟實力S，因爲它根本看不見、摸不著，甚至連啟動開關都難以掌握。

究其根本原因，在於行爲經濟學所說的「現狀偏差」。許多人都深信自己一直以來的所作所爲是最棒的，即使腦袋裡知道改變會帶來更好的結果，卻往往因爲害怕失敗或怕麻煩的心態而裹足不前。軟實力S原本就極難以改變。

因此我們才要從硬實力S下手，此時最重要的就是系統（體制）。**藉由系統上的改變，便能使人才、風格，乃至於價值觀都跟著發生變化。**

話雖如此，但這些都需要時間。

關於「人才」（人員數）部分，雖然增加聘僱人員便能滿足需求，但在沒有併購案發生的情形下，便無法立刻聚集大量人力；而「技能」（能力）的養成更要花時間，若等到有必要才培養，可就爲時已晚，非得長時間培養不可。

「風格」（行爲模式）也很難發生改變，畢竟組織裡固有的習氣和慣性才會被稱爲風格，它只能靠著更改績效評估系統和現場的觀念扭轉，慢慢隨著時間產生變化。

**其中最難改變的是位於中央的「價值觀」**，它就如同DNA般深深烙印在組織之中，要將價值觀完全歸零是不可能的任務，唯有創立新公司再重新出發一途。

但是**我們還是能透過與時俱進的解讀，對價值觀進行微調**，我將這種微調過程稱爲**「DNA重組」**作業。

舉例來說，松下電器自創業以來，其中心價值觀便是松下幸之助的「自來水哲學」。他們有一份使命感，希望自家的電器產品能像自來水一樣，送到家家戶戶之中。

然而到了物質富裕的現代社會，這樣的想法便顯得有些過時。因此二〇〇〇年代初期，以「破壞與創造」爲口號的前社長中村邦夫（後來擔任董事長、顧問）期盼松下電器做出變革，便提出了「創意生活」（ideas for life）這句新的公司標語。

「ideas」意指以創新爲起點，這是自來水哲學所沒有的新意義。但是若僅僅如此便與蘋果或索尼無異。於是松下電器將這個理念與「life」結合在一起，意即致力於豐富人們的日常生活，大膽的將創新產品變成大家隨手可得的東西（商品化），這正是松下電器自來水哲學的進化版。

時間來到二〇一五年，負責松下電器家電總公司的本間哲朗社長成立了「日常優質家電」（ふだんプレミアム）品牌，倡導眞正的價值存在於日常生活當中。這個理念將自來水哲學導入二十一世紀的價值觀之中，是非常優秀的品牌策略。

由此可知，雖然原本的目標是改變軟實力S，但爲了完成這個任務，他們從周圍的硬實力S展開行動，這便是麥肯錫的組織變革方法。換句話說，**硬實力S是手段，軟實力S是目的。**

其中尤其要重視系統（體制），它能像中藥治療一樣慢慢改變整體組織。**系統的改變會帶動風格（行爲模式）的改變，最後將會以不同於以往的方式累積技能和人才（人的能力及規模）。透過這些過程，便有可能逐漸改變核心的價值觀（價值觀）。**

## 7S模型的重點整理

- 我們可以利用7S模型對企業進行分析，拆解爲策略（strategy）、組織結構（structure）、體制（system）這三項硬實力S，以及人才陣容（staff）、能力（skill）、行爲模式（style）、價值觀（shared value）等四項軟實力S。
- 進行組織變革時，先從改變硬實力S著手，藉此思考如何進一步改變軟實力S。
- 僅僅改變策略和組織並不能改變企業。若要進行根本性的企業變革，關鍵在於能否巧妙布置系統（體制），以此改變企業的軟實力S。

# 競爭優勢的終結

爲事物建構框架（framing），其實等同於結構化。在二十世紀的經營策略中，波特的理論算是相當完整，他提出的定位論，是**藉由結構化爲企業定義出明確的位置**，這便是定位論的價值。

確實，未經結構化的企業便無法擬定策略，但這表示一切都要在結構明確的前提下才能進行討論。一旦面對破壞結構的非連續性變化，便無法應對了。

這便是**二十世紀經營策略所面臨的極限**。

有一個名爲ＳＳＰ的概念，即sustainable superior positioning的首字母縮寫，意指持續構築優於衆人的位置，而且是不可撼動的地位。這正是波特理論的信奉者所嚮往的世界。

然而當你以爲自己站在這個位置時，才是最危險的時刻，因爲你會否認改變的必要性。**在一個非連續性變化早已成爲常態的時代，沒有危機感就是最大的危機**。當你爲自己貼上「永續優勢定位」的標籤，就是崩壞的開始。那些賺了大錢建造總部大樓後立即走向衰敗的企業，可說是不勝枚舉。

所謂的**永續地位根本就不存在，一切事物都在不斷的變動**。如果有一家冠軍企業試圖堅守不動的領先地位，市場便會自行移動位置，使該企業原本的地位變得毫無價值。

像是ＩＢＭ的大型電腦、微軟（Microsoft）的Windows，都過度相信自己擁有不可動搖的地位，因而跟不上新時代的潮流，而柯達相機和諾基亞（Nokia）手機也犯了相同的錯誤。不僅高科技世界如此，諸如玩具反斗城（Toys"R"Us）、沃爾瑪[54]等被亞馬遜效應顚覆的企業可說數不勝數。而亞馬遜現在的成功，也難以持續到千秋萬世。當我們看見冠軍地位的剎那，市場便會發生偏移。

**波特所主張的競爭優勢只不過是過去的幻想罷了**。莉塔．麥奎斯[55]在其著作《瞬時競爭策略：快經濟時代的新常態》中看穿了眞相，她認爲市場環境總是不斷在改變，競爭優勢的定位只是過去的幻想。當你誤認爲自己處於競爭優勢時，正是最危險的時刻。

**二十一世紀的管理策略必須要以結構總不斷變化作爲前提。結構可能會因爲外在因素而崩潰，也可能會因爲內部因素而崩潰，唯有保持超越結構的活力與靈活性，才是解決問題的關鍵。**

# 了解定位並持續調整

利用分析框架了解自己所處的位置是相當重要的事。然而框架終究會崩毀，我們便以框架崩毀爲前提，**將一開始的結構化視爲解決問題的起點**。

**進行結構化時會使用到兩條基軸，利用這兩條基軸來分析世間萬物，藉此從事物的關係中解讀各種現象**。這與人類的視野一樣，透過雙眼的視覺便能看見立體的物體。比方說「價值與成本之間的關係」，若用獨立的基軸重新審視，就會看見新的關係。

或許有人會認爲三條軸更能呈現出立體感，但普通的人腦很難對三軸進行視覺上的處理。

設定基軸的方法有好幾種，如同波士頓矩陣的雙軸圖形，可以設定較明確的基軸，也可以設定較模稜兩可的基軸，這決定了問題解決的品質。

**找到新的競爭軸，就有可能產生不同層次的創新**。例如：豐田汽車推出「時間」作爲新的競爭軸，成功擺脫了奠基於規模經濟的福特生產系統所帶來的束縛[56]。

順帶一提，顧問面對世間萬事萬物時，多半都能夠做出大膽的分析，所以最好小心應對。聽他們談話時，不妨保持一定距離，思考他們是以什麼樣的標準來看待世界，試著想一想他們腦海中的架構。

**利用雙軸看待事物，並將其置入框架（結構）之中，便是解決問題的起點。**

此時，基軸最好能有一定程度的量化，起碼在我們使用時能盡可能予以量化。如果是無法量化的事物，那便自行評分爲〇至五分。透過主觀的詢問進行調查，累積到一定程度的樣本數後，也能夠作爲事實和數據。

然而結構化終究只是分析的起點，**真正解決問題的關鍵在於如何調整定位**。

「創造即破壞，破壞即創造」的運動理論，與我前面提及的假說思考相同。**我們可以依靠直覺擬定假設，但必須運用邏輯性結構進行驗證**。然後**在現實當中將其摧毀，再重新建立新的假設**。

這個世界並非靜止的畫面，市場會改變，競爭對手也會改變。如果不時時警惕，自己的公司很可能會慘遭淘汰。

不過我們討論到這裡仍屬於被動模式。要想實踐攻擊型策略，就要**由自己主動調整定位**。雖然我們不是迅銷公司的柳井正社長，但正如他的名言「不變則亡」（Change or Die）。如果自己不做出改變，只願意守成，終有一天會被時代拋下。

這可說是本章介紹過的所有分析框架的共通點。我們絕不能滿足於架構藍圖，而應該有後續的思考：「那該怎麼辦？」「接下來該採取什麼行動？」

**分析框架中的定位，僅僅是當時的起點而已。**

## 分析框架的重點整理

・「建構框架」（結構化）是解決問題的起點。
・選擇兩條基軸描繪出矩陣，這是建構框架的基本技巧。找到新的競爭軸，便找到了創新的切入點。
・不要被結構束縛，解決問題的主戰場在於如何「調整位置」。

# 第七章

# 分析的精準度

# 創造新的事實

剛進入麥肯錫工作的新鮮人，一開始通常會擔任商務分析師，負責大量的分析工作。這種分析工作的付出和回報並不成正比，因爲無論是答案還是分析方法，都有無數種可能。

而且最重要的是：答案以及推導過程中的邏輯和直覺，分析只不過是達到這些結果的過程之一而已。企業的領導階層對於詳盡的分析並不感興趣，即使報告中提到了與分析相關的內容。除非非常出色，否則通常只會被放在附錄之中。

當初我在麥肯錫工作時，曾見過一位非常優秀的新人，雖然他才剛從學校畢業，但當我問他：「你會怎麼分析這個議題？」他卻這麼回覆：「名和前輩，你的問題不對，請告訴我，你想得到什麼樣的答案？」「你想要得到的答案是Yes或No？這兩種結果我都可以分析給你。」眞是來了一個不得了的傢伙啊！換句話說，他的意思是要我先出示假設，可以說一開始就抓住了分析的本質。

我們需要運用「事實」進行分析，其中有些是能夠加以量化、有明確證據的事實，但我們的**分析大多都是從創造事實開始**。原封不動的使用既有的政府統計數據，是無法帶來新發現的，因此我們會創造新的事實。

## 用來證明假設的問卷調查

問卷調查便是最好的例證。我們將問卷上的答案統計成數據，以此作爲事實，例如：關於顧客滿意度的事實就是這麼創造出來的。

當然**根據問題的設計和選項內容，結果也會有所不同**。我們可以設計出「多數顧客都感到不滿意」的問法，也可以反向操作。

這些問題多半是用來證明自己的假設，因此假設的敏銳度即爲勝負關鍵。例如：用來證明世間常見說法的問題，最終往往只發揮出確認的效果。

因此我們設計的問卷要盡量懷疑這些常見的說法，假設結果是「意想不到的事實」、「不合理的眞相」，並透過問卷展現出來。這樣的事實才會爲我們帶來新發現，並引發敏銳的分析，進而促使創新的發生。

## 將不同來源的數字互相比對

除此之外，還有一個常用於創造事實的方法，那便是**數字加工**。雖說是加工，但並非隨意變更數字，而是將不同來源的數字互相比對，改變前提條件或切入點的手法。

比方說以下這個例子。

今後的日本人口將會持續減少，形成少子高齡化的社會，像這種人口金字塔的預測分析其實了無新意。但如果將法國的人口變化與日本加以對照，是否會看出什麼端倪？法國從前與日本一樣，都有少子化的傾向，其出生率於一九九三至一九九四年降至谷底的一．七三，但到了二〇〇八年卻回升至二．〇〇以上，這得益於政府與民眾的共同努力，將法國轉變成一個「適合生養孩子的國家」。這便是所謂「法國悖論」[57]的現象之一。

如果將法國的人口金字塔變化與日本的人口金字塔互相重疊……。倘若日本什麼都不做，肯定會邁向少子高齡化一途。但如果採取法國的政策，可能會發生與法國同樣的改變——就像這樣，新的事實便由此而生。

與其說是事實，其實更像是模擬。目前在世界上流通的人口預測，本來就只是根據過去的趨勢進行模擬罷了。少子高齡化是衆所周知的事實，即便焦慮也無濟於事，我們該思考的是如何改變這種局勢。此時**若將兩個事實重疊在一起互相比對，往往可能產生新的答案**。

## 觀察例外數字

另一個創造事實的方法，是**刻意觀察例外數字**。

若以少子高齡化爲例，可以這麼思考：「既然我們的人口在減少，那有沒有什麼地方的人口仍然持續增加呢？」這種觀點或許能使我們看見，某些地區採取了不同的政策或措施，並取得了效果，藉此可以改變我們的討論方向。

**觀察例外情況的重要性，遠遠大於觀察平均值或整體圖像**。在這些例外當中，往往隱藏著容易被忽略的重要事實（盲點）。

## 訪談的威力

在創造事實的衆多方法中，最取巧的莫過於訪談。

訪談又分爲兩種形式。

其中一種是**專家訪談**，也就是詢問專家的看法。一個人的看法即爲意見，但如果詢問五位專家，從中看出某種分散或趨勢，那就成了事實。

另外一種是**集體訪談**（group interview）。從數人的意見中獲得某種傾向，如果樣本數太少，爲了得到足以統計的樣本數，可以實施以選擇題爲主的問卷調查，統計結果後再換算爲數據。這樣一來，就能創造出令人滿意的事實，這是市場行銷人員經常採用的方法。

不過集體訪談的結果經常會和實際行爲有所出入。假設問卷中有一題是「願意付較高的價格購買環境友善商品」，有人可能會爲了環保形象而圈選這個選項，但在實際生活中比較價格後，卻買了價格較低的商品，這是很常見的現象。**集體訪談和問卷調查都不代表實際行爲，僅僅是表現出「人們這麼想」而已**，大家對這點應該要有正確的理解。

# 資料探勘與假說思考

近來利用大數據[58]和ＡＩ回答問題也蔚爲潮流，有時我們可以從中發現意想不到的關聯性。話雖如此，**儘管有關聯性，但我們卻往往很難假設其中的原因**。

下面提出一個有名的案例。

在大型超市中，不知是何緣故，經常會將尿布和啤酒擺在一起。總之，結帳時很多人會將這兩項商品放入同一個購物籃中，我們稱之爲「購物籃分析」（market basket analysis）。

有人推測，這是因爲爸爸偶爾會被媽媽使喚去超市買尿布，爲了獎勵自己便買了啤酒。因此在男人常去的賣場擺放尿布，結果是否能提高營業額呢？

其實女性也會喝啤酒。這兩種商品不但體積龐大而且又笨重，因此開車來時便一起購買，或許也有這個理由。

如果眞是這樣，與其提出拙劣的假設，不如直接反映購物籃分析的結果，在尿布旁堆放啤酒，這麼做的效果最好。

然而不經過邏輯推論，而直接採用大數據的分析結果，有可能會導致完全失敗，這種情況也不少見。

前幾天我在亞馬遜網站訂購亞里斯多德（Aristotle）的書籍，奇怪的是，網站上自動推薦Globis商學院的會計入門給我。喜歡希臘哲學書籍的人也會喜歡會計書籍，這當中的道理我很難理解，但馬上就想到個中原由了。

當時在我負責的一家大型零售連鎖店的進修課程中，這兩本書被指定爲課前參考書籍，恐怕有超過一百筆的訂單在同一時間下訂，而且這兩本書都不是暢銷書。因此AI便直接反映出這兩本書的異常關聯性，並向消費者推薦購買。

我想就連亞里斯多德和Globis商學院都會睜大眼睛嘖嘖稱奇吧！

分析大數據時，會發現「父親節」和「居家短褲」之間具有強烈的關聯性。確實彩色居家短褲是相當平價的商品，但不會從不相干的人那裡拿到這種東西。於是便有了以下推論：女兒送給爸爸彩色居家短褲作爲父親節的禮物。這個推論非常合理，線上購物網站樂天市場

（Rakuten）自隔年起便大量進貨彩色居家短褲，結果大獲成功。

不過以這個例子來說，即使不大費周章的分析大數據，也能想到這個假設吧？至少在我的印象中，優衣庫早就推出了彩色居家短褲作爲父親節的特別商品。

無論如何，雖然大數據分析偶爾會出現這種意想不到的關聯性，但關於理由的推論卻很少真正有助於提高營業額。倒是聽過相反的例子，也就是不用大數據，而是先提出假設再進行推論，最後大獲成功。

這是沃爾瑪併購西友超市（Seiyu）之後的故事，他們考慮到帶著嬰兒去購物的媽媽們的需求，進而改善賣場的設置。

沃爾瑪原本將嬰兒服裝、尿布、奶粉分門別類放置於服裝區、日用雜貨區、食品區，這種配置手法稱爲「品類管理」（category management）。因此西友超市也是比照辦理，將這些商品擺放在不同樓層。

但是帶著嬰兒購物的媽媽必須速戰速決，她們得在孩子開始哭鬧之前離開超市。如果能將她們需要的商品放在同一區，將會爲媽媽們帶來莫大的幫助。

有一位女性採購員[59]注意到這一點，便爲帶著嬰兒的媽媽們設置了一個專區，這當然是違反沃爾瑪的規定。

但該店營業額卻展現出大幅度的增長，原本固定在其他超市購物的媽媽們聽說了之後，便紛紛轉移陣地來到西友超市。後來這件事傳回美國的沃爾瑪總部，據說沃爾瑪因此而設置了類似的嬰兒採購專區。

## 去除雜質留下簡單的形式

西友超市的例子，看起來和尿布與啤酒的例子類似，實則完全相反。這與大數據的資料探勘（data mining）毫無關係，西友超市的採購員以自身的相同經驗，準確掌握了帶著嬰兒的母親的基本需求。她從自己的假設出發，試著做出改變，結果眞的爲公司帶來了成長，這是一個簡單而眞實的故事。

**這種假設比起用拙劣的大數據進行購物籃分析更爲精準。**

試著想像出具體的顧客A（person），再想像A可能會感到困擾（pain）和開心（gain）的場景。像這樣想像各種場景，建立許多假設，然後再一一驗證的方式，結果反而能快速找到解決方案。

利用資料探勘獲取答案時不要預設立場，即使覺得答案很有趣也不能展開行動。進行分析時，**必須不斷剔除無意義的部分，最後留下有意義的假設。**

大數據、資料探勘是一種麻藥，會讓人覺得情勢大有可爲，它本該是一種工具，幫助我們找出具衝擊性的有趣假設。然而我們卻期待從中獲取重大發現而過度依賴，這本身就是錯誤的想法，因爲**關聯性與因果關係是截然不同的概念**。

與其如此，不如盡量簡化，依照第六章的方法尋找兩條基軸，這麼做會更接近具有衝擊性的行動。

**我們能想到無數的基軸，請選擇其中最具有衝擊性、最容易實踐的基軸。**

**世上有無數的答案，也有無數的基軸。我們應該持續不斷的剔除雜質，找出兩條最精準的基軸，並從中得出因果關係，**這才是眞正具有洞察力的分析方式。

# 不是靜態的「結構」，而是動態的「水流」

所謂的因果關係有好幾種類型。**二元對立也是一種因果關係**，總而言之，只要一方成立，另一方就不成立。在這種情況下，某個時間點看似是這個狀態，但只要移動時間軸，就會發現未必是非A即B的選擇。在**當下這個瞬間，儘管選擇A就不能選擇B，但也可能是從A出發朝向B前進**。

就連**做決策也能夠反覆進行**。不但人生如此，工作亦如是。人生幾乎不存在有至死不變的決定，不管失敗幾次都能夠重新來過。從失敗當中學習，慢慢的便能做出明智的選擇。

反過來說，我們不應該冒著賭上整個公司的風險去幹大事，而**應選擇失敗了也不至於太嚴重的投資**。如此一來，當從前推論的假設在現實中發生，便能做出比上一次更聰明的判斷。我們應該持續利用這種技巧，增進自己的經驗與能力。

此時最重要的是**每次調整判斷**。按照我的說法，便是**從競爭優勢（權衡取捨）轉換爲學習優勢（共存共榮）**。

動畫的每一張膠片都是靜止的畫面，需要將好幾張膠片疊合在一起，才能呈現出實際的動作。換句話說，製作時是看著靜止的畫面，並有意識的在腦海中想像動態影像。分析師經常犯的錯誤，是看著瞬間靜止的畫面來判斷是A還是B。請不要這麼做，我們應該洞悉其背後的動態變化，藉此看清動作。看清動作之後該如何加以改變，這才是關鍵所在。

分子生物學家福岡伸一便提倡「動態平衡」[60]的概念。世間的森羅萬象，在他眼中是時間而非空間，儘管剎那間看似具有形體，其實體卻在時間軸上不斷的變化。

他舉例，人類看似保持著同一副軀體，實際上卻會因爲飲食的差異而產生變化。我們的身體狀況取決於最近三個月所吃的食物，因此有這麼一句話：「只要改變飲食，三個月後的你便會截然不同。」

野中郁次郎[61]將這種情況形容爲「水流」。水流看似靜止，波動卻時時刻刻在發生。從整體的角度來看，水流有著具體的形狀，但仔細觀察，卻是由每一滴水的波動所組成。

波動與形狀也可以比作微分與積分的關係。如果將水流細細切分（微分）成每一滴水，那就成了普通的波動，並不是真正的流動，僅僅是在搖晃而已。然而一旦將這些水滴累積起來（積分），就會形成一道水流。

## So What?

分析也是如此，如果不**反覆進行微分與積分的操作**，就無法看清真正的模樣。

有句格言說「魔鬼藏在細節裡」，如果不觀察細節，就不能了解事物的本質，這可謂是「微分的建議」。

另一方面，亞當·史密斯[62]則一語道破了市場被一隻「看不見的手」所操控。僅僅使用放大鏡仔細觀察細節，是無法看見整體動向的。若要看清整體的關聯性和流向，就必須具備一雙能俯瞰整體的鷹眼，這就是積分的力量，即所謂「積分的建議」。唯有具備這兩項條件，我們才能看見實體。

我在「So What?」那一章也介紹過，仔細觀察事物之後，在整體流程中再次提問，便可說是「So What?」的意義。當分析師得意洋洋的說：「這裡有重大發現！」你便可以反問他：「所以會如何？」**這整個現象的背後，有什麼樣的流動方向或力學作用其中**？如果推論沒有達到這個程度，就看不見市場、企業乃至於人們真正的動向。

**「So What?」——當我們再次探問分析的意義時，分析就不僅止於單純的紙上作業，而是帶有更深層的訊息**。因此當我們發現的現象愈有趣，就愈要思考「這意味著什麼?」「它傳達了什麼訊息?」更要不斷自問「So What?」以找出其中有助於經營管理的意義。

不提問「So What?」的分析方法，或許符合學術界的價值，但對實際的企業經營來說毫無意義。

**企業經營不是屍體解剖學，而是作用於鮮活生動的生命身上。**

## 本章重點整理

・答案不會只有一個，很可能有無數個。
・不使用既有的事實進行分析，而是創造新的事實。比對不同的數據、設計訪談或問卷調查，從中找出新的事實。
・不要跟著大數據起舞，唯有提出精準的假設才是決勝關鍵。
・去除雜質留下簡單的形式，才能看見本質。
・分析（微分）之後的建構（積分）才是勝負關鍵。
・分析過程不是靜態的「結構」，而是動態的「水流」。

# 第八章

# 故事性策略

# 麥肯錫的「主旋律」

在本書一開始提到的解決問題的七個步驟中，最重要的是最初的兩個步驟，即定義問題和結構化。事實上，最後的兩個步驟也同等重要。

也就是將分析中發現的資訊加以整合（synthesize），並提出建議（recommendation）。如果沒有進行這兩個步驟，僅僅做完分析就結束，那麼客戶到最後也不會知道該怎麼做。

最初的兩個步驟大約占問題解決的五〇％，中間的三個步驟占二〇％，最後的兩個步驟占四〇％（總共超過了一〇〇％）。也有其他知名顧問認爲，最後的兩個步驟占五〇％（全部加起來共一二〇％）。無論如何都顯示，一旦最後的整合無效，那麼至今爲止的努力都會變成夢幻泡影。

我在麥肯錫所做的其中一項訓練是**「電梯閒聊」**。如果你和公司的高層主管在電梯裡偶遇，直到電梯下降以前的幾秒鐘，你能向對方傳達出多少根本性的觀點？

這個訓練是爲了讓你在**短短數十秒之內，簡潔的向對方傳達出恰到好處的正確資訊。此時不是爲事實進行歸納（summary）的時候，而應該整合事實後，簡單扼要表達出其中的意涵（synthesis），以及未來該怎麼做（recommend）**。

插個題外話，除了電梯閒聊，還有一種是廁所閒聊，雖然不如前者那麼有名，而且只限男性使用。也就是說，你是否能善用偶然站在主管隔壁的機會？利用這三十秒左右的時間說些什麼？這與電梯閒聊一樣，考驗你能不能用簡單的一句話表達出自己的觀點，這同樣是必須磨練的技巧。

因此**在麥肯錫做報告時，通常會先說結論**，藉此訓練員工不要闡述太多不重要的細節，以免報告太過冗長。

換句話說，麥肯錫在一開始就打出王牌，用歌曲形容就像是「主旋律」，將最好聽的主旋律提前放在開頭部分，歌曲一開始就發出一輪強力猛攻，將對手擊退。

麥肯錫提供的答案常常會出乎對方的意料之外，在他們腦中留下震撼性的結論。

具體做法如**圖26**所示。

[圖26]

## 製作報告的流程圖

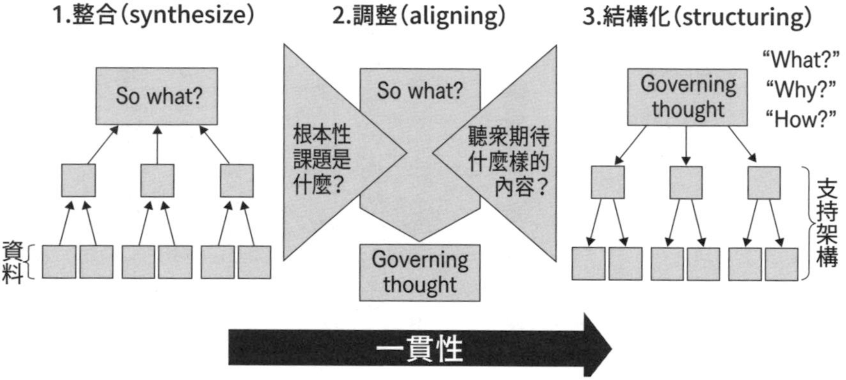

首先，從每個分析區塊導引出「So What?」（「所以會如何？」）的問題。

接著，檢視根本性課題是什麼，思考是否有符合這個課題的答案。

然後從聽衆的角度出發，進而判斷「是否有新的發現？」

經過這些流程後，便逐漸形成結論（governing thought）。

這個結論（governing thought）便是歌曲的「開頭」主旋律。

當中的內容通常是由「What?」「Why?」「How?」這三個問題構成。

若僅僅提問「What?」似乎顯得有些唐突，所以勢必追加問一句「Why?」

而爲了導向具體的行動，「How?」同樣也不可或缺。

然而單單這麼做雖然具備了連貫的邏輯，卻顯得太過平凡。換句話說，就是沒有「主旋律」。

進一步而言，這三個問題的組成方式，也會導致衝擊力有所變化。**如果「What?」提問相對之下較爲普通，我們就必須提出三個「How?」以描述具體的做法。相反，如果「What?」提出了出人意表的內容，我們就必須明確列舉出三個「Why?」的原因。**

然而誠如前文所述，由What、Why、How所組成的邏輯固然通暢，但整體故事脈絡卻顯得過於符合常識。像這樣的內容，大家應該早就都想到了吧？**最大的問題，或許在於我們知道卻做不到，或者不願意做到？**

因此正如我在前文中所提及的，**我們要在What、Why之後，再加上「Why Not Yet?」的提問。**

**「爲什麼還做不到？」——這才是問題的核心。**

從前面介紹過的顧問術語來形容，這就是「鎖喉點」。

**如果能夠明確回答這個問題，那麼後續的How也不再是理所當然的常規觀點，而是能進一步導引出解除鎖喉點的關鍵性策略。**

此時的**「主旋律」，便是針對「Why Not Yet?」的回答，也就是深入挖掘鎖喉點的本質。**顧問提出的建議中若缺少「主旋律」，就無法帶來具有衝擊力的新發現，也很難發揮作用。

# 波士頓顧問公司的解謎之旅

誠如以上所述，麥肯錫的顧問會在一開始即展現具有衝擊力的結論，而波士頓顧問則恰恰相反。**圖27**便呈現出兩者的差異。

波士頓顧問往往會把結論擺在最後，而且直到最後都不主動說出答案。他們會順著對方的思路進行分析，使客戶在諮詢的過程中看見答案。由於客戶在顧問說出口前便有所領悟，所以往往會以爲是自己找出解決方案，因此將提案付諸實行時，一點都沒有「被逼迫的感覺」。

當客戶表示：「我明白了！波士頓顧問，這就是答案！」這便形同顧問的勝利。儘管整個思考過程都是由波士頓顧問主導，他們也會故作驚訝的回答：「哦！原來如此！」眞是好演技呀！完全不同於一擊就讓對手吃癟，還志得意滿的麥肯錫顧問。

波士頓顧問的手法，與「豐田生產方式」（TPS）有著異曲同工之妙。豐田汽車的主管絕對不能主動透露答案，只能讓現場員工進行澈底的觀察及思考，等待他們自行提出解決方案，如此一來才能將解決問題的能力根植於工作現場當中。

TPS真正的目標是創造一個有能力思考的工作現場，煩惱的威力即「惱力」，其實正與「能力」彼此相連。

每個人的性格不同，有些人性格急躁，希望先聽結論，也有人不喜歡聽冗長的解釋。在這樣的情況下，麥肯錫的風格更符合他們的需求。但有時麥肯錫的做法也可能會引起某些人的反感。一開始追求的衝擊效果帶來了負面成效，爲此激怒了對方，使對方不願意聽後續的Why和How。

實際上，我年輕時也曾經惹怒某大企業的美國分公司社長。當時由於擅於使用網路的新興企業抬頭，我在進行簡報時，便很快向對方表示：「貴公司確實被擊垮了。」那位分公司社長隨即很不高興的當場離席，之後再也沒有回來了（當然那是一位日本人，假如是美國人，我想會比較願意先聽到令他震撼的結論）。

像這樣的客戶，波士頓顧問的方式想必能令對方心甘情願的接受建議；而麥肯錫的方式則經常會激怒這種類型的人。一旦開頭主旋律中的主旋律過於強烈，就會造成「高風險、高報酬」的狀態。

[圖27]

**做簡報的兩種形式**

**「邏輯」展開型（麥肯錫類型）**

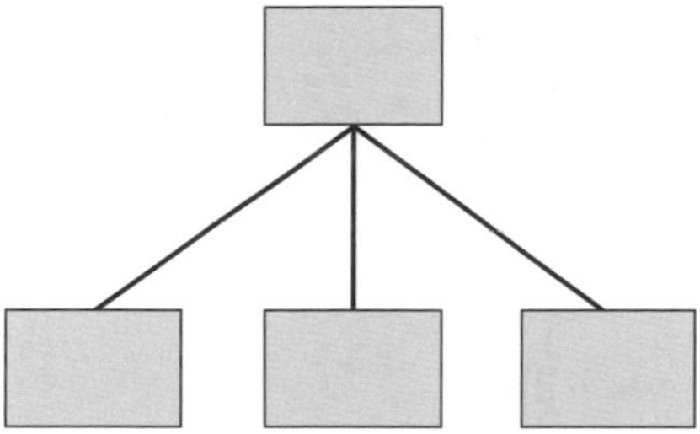

藉由Why、What、How等具有邏輯性的提問
推導出結論（governing thought）

**「故事」展開型（BCG類型）**

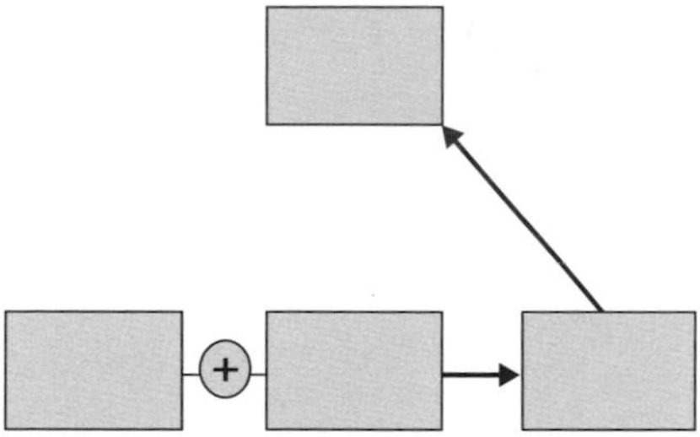

藉由故事結構來展開內容，
進而推導出主旨（governing thought）

楠木建[63]所著的暢銷書《策略就像一本故事書：爲什麼策略會議都沒有人在報告策略？》中便淸楚說明，波士頓顧問的方法更具有故事性，聽起來更有趣，使人不自覺的按照對方的建議行事。

這兩者的差異，就好比一開始先找出犯人和犯案手法，之後再深入拷問的神探可倫坡，或者是跟著觀衆一同解開謎團的大偵探白羅[64]。

你更喜歡當可倫坡還是白羅呢？

# 麥肯錫的問題解決十守則

第一部終於要進入尾聲，這裡就以麥肯錫的問題解決十守則作爲基礎，將前文中說明過的基本技巧做個統整。

### 1. 大家以爲的「問題」未必是根本問題

解決問題的第一步即設定課題，這個階段很重要的一點是，當事人所認爲的問題經常都不是根本問題。如果當事人意識到問題所在，早已經著手解決了。

### 2. 以廣闊的視野（big picture）重新檢視

當事人爲何會陷入這種窘境？爲何不選擇其他的可能性？請暫時往後退一步，看看整體藍圖後再重新思考。這麼一來，往往會發現人們口中的問題，只不過是表面現象而已。

### 3. 一切從提出假設開始

即使如大數據分析般大量蒐集資料進行分析，也不會找到眞正的答案。我們的首要之務是從提出假設開始，當事實與假設不符合時，便重新建立假設。反覆進行這樣的過程，才能逐漸接近問題的本質。

### 4. 不遺漏、不重複（MECE）將問題予以結構化

請抱著不遺漏、不重複的態度對問題進行結構化。當我們綜觀整體狀況後，除了顯而易見的重點之外，更要確認是否有漏網之魚，這一點至關重要。換句話說，問題往往會隱藏在我們未曾察覺的角落，這也意味著在MECE原則中，不遺漏比不重複更爲關鍵。

5. **將注意力擺在關鍵的變數（key driver）上**

我們應尋找鎖喉點，也就是被勒住的咽喉點。

6. **盡量簡化**

試著盡可能將問題簡化爲公式，找出變數與定數後再加以公式化。

7. **正確答案不只有一個**

解決問題與自然科學不同，可以有好幾種正確答案。這就好比登山時，走不同的路線一樣可以攻頂。你以爲能快速攻頂的路線，可能反而具有相當的危險性。無論如何，答案可能有很多種，因此不要僅侷限於單一思維方式，這便是重點所在。

8. **推翻後再重建**

建立假設後能一舉成功的情況極爲罕見。一般來說，我們要反覆經過推翻與重建的過程，當中可能會經歷自我否定、擴展視野，進而改變思維等等。

9. **珍惜答案突然湧現的時刻**

反覆進行守則八時，確實有可能在刹那間如獲天啓般，心中自然湧現出答案，這表示我們正逐漸遠離困境。就像泡澡時獲得大發現的阿基米德[65]（Archimedes）一樣，我們只要稍微移動目光，就能看見之前因爲過於執著而看不清的眞相。請珍惜這樣的時刻。

然而等待這一瞬間的造訪需要滿足幾個條件。其中之一是需要深入且持續的思考，否則便不會有答案湧現的剎那，馬上就想轉換心情的人是不行的，必須更竭盡全力才能獲得這寶貴的瞬間。

曾有一段時間，麥肯錫公司裡流行「黎明方案」的說法——經過一夜絞盡腦汁、苦思冥想後，終於在黎明時分找出了解決方案。不過，天剛破曉時腦袋通常不太清楚，可能會以爲自己找到答案，結果卻是錯覺（笑）。不管如何，若考慮工作和生活的平衡，如今應該不會再流行這種方法。

## 10. 沒有問題就是最大的問題

沒有問題就是最大的問題。儘管有些人會宣稱：「本公司沒有問題」、「本部門沒有問題」，但這其實是一個相當嚴重的問題，因爲沒有課題便意味著沒有改進的空間。反之，課題滿滿就代表仍有許多成長的餘地，每一個問題都是促進下次成長的機會。

# 是挑起危機感，還是點燃使命感？

## 從駁倒對方到引發共鳴

麥肯錫的技巧是利用邏輯思考的方式駁倒對方，以達到顧問諮詢的目的。相對之下，波士頓顧問的技巧則是引發對方的共鳴，他們不會直接告知答案，而是娓娓訴說故事，與對方一同解決難題，使其自行領悟解決方案。

顧問提出的建議，唯有付諸行動才有意義。講一些大道理使對方屈服，儘管展現了顧問的手段，但這種做法只會招致對方的反感。如果讓人失去行動的意願，反而得不償失。我自己便對此有深刻的反省。

爲了使客戶付諸行動，邏輯論述只占一半也沒關係，重要的是提議必須引起對方的共嗚。對方是否能夠投入其中？是否能當作自己的事情看待並有所反思，進而堅信這就是事情的眞相？我便是基於這個觀點訓練自己爲客戶製作報告。

某家公司是日本最大、發展最快的企業之一，經常在麥肯錫和波士頓顧問之間進行輪流諮詢。他們大約每三年會採用一次麥肯錫公司的方法，因爲偶爾想聽聽一針見血的意見，但由於太過激烈，往往難以眞正實施。在接下來的三年內，他們則會聽從波士頓顧問的建議，並將其落實爲具體策略付諸行動。要將顧問的建議視爲自身的執行策略時，波士頓顧問的方法其實更容易付諸實踐。

## 激發自我覺察的詢問能力

當客戶與波士頓顧問一起工作時，往往會感受到自己比顧問更了解情況，這是因爲波士頓顧問所掌握的技巧，是激發對方的自我覺察力，而不是要駁倒對方。

即使顧問知道答案，也不會主動說出來，他們會等待對方自行發現。而且他們也不會用斬釘截鐵、自負的口吻逼問對方，而是以柔和的語氣詢問：「不妨試著用這個角度思考看看？」「你對這樣的觀點有何看法？」這就是波士頓顧問的特點。

若以畫面形容，顧問和客戶就像旅途中相伴而行的同伴。最終雖然可以清楚看見目標，但過程並非一直線，而是兩人在迷茫中相伴前行。顧問的角色如同引導旅人登上聖母峰的雪巴人嚮導一樣，當對方表示不願意走這條路時，他們不會像宣讀「神諭」一樣堅持只有這條路，而是體貼的讓對方稍作休息，等待對方打起精神再繼續向前行。

## 危機感與使命感

麥肯錫和波士頓顧問所掌握的不同技法，換言之，可以說是挑起危機感或點燃使命感的差異。

驅使人們行動的三大動機分別是**成就感、危機感、使命感**。

其中的「成就感」使人能夠簡單設立明確的目標，如同登山家喬治．馬洛里（George Mallory）所說的：「去登山吧！因爲山就在那裡（Because it's there）。」一般的公司很容易達到這個過程。但如果大家不了解達成這個目標的重要性，就很難讓組織成員「全心投入」其中。此外，達成目標後，必須設定下一個目標。

關於這一點，「危機感」則會迫使人們展開行動。一旦明白維持現狀是行不通的，人們就會下定決心改變。但是只要不是迫在眉睫的危機，人們就不會「全心投入」。換句話說，即處於「溫水煮青蛙」[66]的狀態。即使因爲危機感而展開行動，等度過了危機以後，又會回到維持現狀的舒適圈（comfort zone）中。這就好比你花了三個月的時間，去ＲＩＺＡＰ健身房成功雕塑體態後，竟然又發生了猛烈的復胖過程。

相較於以上兩者，**「使命感」才能讓全體成員「全心投入」其中**。自己究竟爲何存在於這個世界上？我能爲這個世界帶來什麼貢獻？如果大家都有這樣的共識，則人人都能將公司的事當成自己的事，全心全意投入變革中。一旦使命感更爲強烈，就能夠持久燃燒，永不熄滅。

關於變革的基本技巧，請大家參考拙著《企業變革》（暫譯；日本東洋經濟新報社於二〇一八年出版日文版）。

**麥肯錫公司擅長利用危機感迫使對方展開行動**。他們向對方步步進逼，若想要逃離困境，唯有做出根本性的變革。麥肯錫和ＲＩＺＡＰ一樣，僅用三個月的時間就要打贏這場仗。但和ＲＩＺＡＰ不同的是，麥肯錫不保證結果，因爲是否付諸實行責任在於客戶這裡。

**另一方面，波士頓顧問則是鼓勵對方：「你其實是想做這樣的事情吧？」以此點燃使命感**。他們不會明確指出問題，而是試圖拓展更多的可能性，比如告訴對方：「如果是這樣，那也可以有更好的方式。」「應該還有其他可能性吧。」等等。波士頓顧問甚至可以花費三年的時間陪伴客戶，直到對方的公司真正完成體質轉變。

如此說來，或許有人會認爲波士頓顧問的方式比較好，但視情況有些狀況並不適合這麼慢條斯理的方式。此外，有些公司追求在短時間內達到刺激，也有些公司希望產生危機感。

無論如何，重點在於是否能讓對方提起幹勁全心投入。即使我們對課題有正確的理解和分析，然而對方的執行意願才是左右成敗的決定性關鍵。

## 持續行動才有意義

麥肯錫與波士頓顧問公司的提議方式之所以有差別，僅僅是兩家公司的作風不同而已，本質上追求的目標都相同。換句話說，**如果最後無法轉化爲實際行動，這些提議都沒有意義**。

因此實踐以下四點並從中學習，將所學反映在行爲上加以修正，這才是重點所在：

- **大家擁有相同的目標。**
- **明確指出目標與現狀之間的差距。**
- **深入了解爲何會有這段差距（爲何一直置之不理）。**
- **確定時間軸與負責人，並明確制定出彌補差距的行動計畫。**

解決問題大體上可以分爲四個階段。

首先，是零到一的最初階段，**也就是發現答案的階段**。這個從零到有的階段最具有創造性。然而僅僅理解什麼是正確的，其實相對簡單，但卻不足以推動事情的進展。

**重要的是下一個階段，也就是將一變成十的過程**。換言之，便是具體了解如何開始、如何推展的初期行動階段。

**如何打造初期的成功，並向外擴展成功的經驗，即爲實踐上的關鍵。**

然而僅僅如此還不足以改變公司的整體環境，只是在一些部門中出現了變化的徵兆。當其他人見到這種現象所帶來的好處，並且願意主動跟進，這種風氣必然能擴散到整個公司中。

這就是**第三個階段，也就是從十到百的過程。透過十到百的擴展，公司才會真正發生重大的轉變。**

但是事情還沒有結束。我們不能止步於此，必須將零到一、一到十、十到百的進化過程，以及今後能不斷自我執行的動態機制融入公司之中。

當這**第四個階段完成時，我們才能說這個案件、這個問題已經成功解決了。**

---

**本章重點整理**

---

- 向客戶做報告有兩種方式，一種是「開頭主旋律」，另一種是「故事性描述」，應該根據企業的狀況和對方的期待，適時選擇適當的方式。
- 僅僅在做報告時讓對方感到佩服，並不足以展開任何事情。唯有實踐變革並使之真正融入公司的基本結構中，才能對公司造成衝擊性。
- 因此相較於駁倒對方的觀點，引起共鳴才是說服對方的關鍵。點燃使命感遠比挑起危機感更加重要。

---

# 第二部

# 超一流顧問的高超技能

在第一部介紹的顧問基本技能，有不少人可能會遇到即使了解也無法應用於解決現實上的問題。

因此在第二部中，介紹超一流顧問的高超技能，而所謂超一流顧問，亦即大前研一先生。讓我們稍微貼近大前先生，試著針對他的技能進行本質上的分析。

甚至在本部裡特別提出與管理學大師波特的定位論和競爭策略不同的方向，並介紹非連續時代的經營戰略和解構、正念（mindfulness）等商業界的新動向。

# 第九章

# 大前研一「瞬間移動的大腦」

說到全世界最厲害的顧問，不外乎是大前研一先生。

我在麥肯錫將近二十年的職涯當中，見識到來自全世界各地的顧問，但沒有遇過像大前研一先生那樣的人。雖然在其他地方也存在以邏輯能力和創造力選拔出來的人才；然而，就綜合性技能的組合而言，大前研一先生無人能出其右，在麥肯錫他是超高一流的人才，也是全世界最強的顧問。

在這章當中，恕我踰矩以大前研一先生的強項爲例，介紹超一流的高超技能。

## 大前本領①
## 左腦和右腦的連結力

對於高超的顧問來說，左腦（邏輯性）和右腦（創造力）的連結是非常重要的，因爲可能常是偏向一邊，所以關於連結力（joint），大前先生的表現也很突出。

麥肯錫典型的一流顧問，有左腦派的傾向，例如：DeNA的南場智子等人在麥肯錫時，常會說出「我沒有右腦，我患有左腦肥大症」這樣的自虐性說法。不管是不是發自內心的想法，但他們確實是出類拔萃的邏輯派思考者。

另一方面，目前自立門戶，經營現場管理顧問公司的並木裕太，他有超群絕倫的創造力，爲右腦強大派，倒不如說他在麥肯錫公司是個例外的存在。原本麥肯錫是以工科爲主的堅實邏輯派爲主打特色，因此錄用的文科生並不多。

日本以外的麥肯錫事務所也是，我當時在負責面試錄用人才的時候，極力以錄取感性和直覺力敏銳的學生爲方針，而並木先生是第一位。當時錄用的優秀職員幾乎都在一年左右變成創業家，開創自己的事業。

雖說如此，光靠右腦還是不行，大前研一本身也是擁有核能博士學位的實力堅強的工程師，當然其邏輯力很強，右腦能力比一般人還強大。實際上，他還會翻譯與右腦相關的書籍，埋頭於對右腦的研究。

也就是說，重要的是右腦和左腦兩側都很發達，兩側皆有相連。所以說連結右腦和左腦來來回回穿梭也有技術性。

大前先生在自己的大腦中進行如上之事，可以想像他的右側大腦和左側的突觸也有相連吧！

在績效表現優越的麥肯錫團隊那群左腦發達的成員當中，有部分是右腦功能強大的人，這是爲了取得團隊的平衡之故。眞要嚴格說的話，大前先生就是在自己的大腦中，以驚人的高水準和高速度進行這樣的平衡。

## 大前本領②
## 包羅萬象的聯想力（聚合力）

因《創新的兩難》而聲名大噪的克里斯汀生之後新出版的《創新者的DNA》（*The Innovator's DNA*，天下雜誌於二〇一七年出版繁中版），耗時六年，針對賈伯斯、傑夫．貝佐斯（Jeff Bezos，亞馬遜CEO）、艾倫．雷夫利（Alan G. Lafley，寶僑前會長）等代表性的創新經營者二十五人，以及超過三千五百位以上的創業家進行分析。

根據克里斯汀生所言，培養創新的能力可概括在五項技能上。

## 「質疑力」、「觀察力」、「實驗力」、「人脈力」，以及將這些「相互連結的能力」

令人感到欣慰的是，這些人並非天生就具備這些能力，而是後天培育而成的。而開發這些能力的手段，在本書當中已具體的揭示出來。姑且不論這點，使用那些框架來解讀大前先生的技能，會發現前面四項是必備的，而我認爲大前先生最優越的是第五項能力，也就是將這些「相互連結的能力」（聚合力，convergence）。

**一般而言，將不同類別的A和B相互連結的能力，也可以稱作聯想力。**一旦大前先生開始著手，就會有完全不同的現象呈現出來，變得相當有趣。

## 創新的原理

「連結能力」的一個重要前提是**「知覺力」，亦即在不同種類當中找出共通點的能力。因此以這個「知覺力」爲基礎，將不同種類相互連結，發現新的事實和現象，是創新的第一步。**

經濟學家約瑟夫．熊彼特（Joseph Schumpeter）曾指出，將不一樣的東西集結起來視爲創新的生成，也就是所謂的**「新型結合」**。然而，不是單純只有新的，如果非異質性就沒有意義，所以我稱爲**「異質結合」**。而大前先生的大腦中經常突然出現異質結合。

那時我與其他新人一樣，奉命蒐集當時大前先生用於撰寫《President》連載報導的取材資料。

在麥肯錫，有蒐集來自全世界各地的顧問最新問題解決成果的報導，如果報導的愈多，公司內部的知名度也會愈高。而大家似乎像是逮到不可多得的機會一樣，巴不得趕快向大家宣告：這個很棒哦！紛紛將成果聚集過來。

大前先生將這些蒐集起來，會詢問我問題，例如：「你對於永續性這個觀點有沒有什麼有趣的想法呢？」等等，於是我蒐集有趣的點子交給他，隔天我居然看到，怎麼都無法想像得到的報導竟出現在我的眼前。

說到最近，例如：Uber[67]等共享經濟的話題、區塊鏈[68]和安全性的話題，還有高齡化之醫療費的高漲問題。將這三者匯整起來，就可以實現基本所得[69]（最低限度所得保障制度）的情況。這三個完全不同的業界話題，被大前先生整合過，變成一個現象來述說。

其實在全世界的麥肯錫公司都能解開的最新問題，是將全部的人集合起來，即整合大家的意見，因爲組合方式很出色，所以變得非常有趣。

由於各個題材都是世界級水準，若將這些搭配上大前先生一流的聚合力，並加以整合，簡直就像奇蹟一樣。

對一般人來說，光是聽一個故事，就可能足以構成有趣的話題，彷彿是無比奇妙的世界，這正是大前先生施展的魔術。

每個月他將其製作成連載，眞是太厲害了。

## —— 訴求超乎常識性的答案 ——

那麼「相互連結力」的訣竅是什麼呢？

提示是**在超乎常識之處來尋求答案，即使勉強也無妨，只要能設立與一般不同的假設**，至少大前先生是這麼做的！

讓我們舉個例子來說明吧！

比如大前先生一旦著手進行，就結合製造業和金融業的智慧，思量出次世代的產業。

企業利益之GDP的泉源「附加價值」，爲產入和產出的差額。只要看從原料製作產品的製造業就能理解。那麼金融業的附加價值是什麼呢？不是單純只用金錢來左右人嗎？

——假設有此疑問，如果是大前先生的話他會怎麼做呢？

如果是這樣的話，**將金融業調整成滾動金流的做法，亦即並非單單將收進來的金流再馬上交付出去**，又會如何呢？例如：分散風險的保險功能爲其中之一，但保險以外沒有其他的東西嗎？

——如此一來，在超乎常識之處，爲了發現答案，我們該怎麼做呢？

爲了探究原由，我們來看看製造業要如何才能創造出附加價值呢？如此一來，製造業中可以發現材料力、加工力、組裝力和作爲前提的設計力，而這些都是關鍵所在。

如果把這些應用到金融業會如何呢？

在思考金融業的新服務時，也會與製造業的人相互交流討論。這麼一來，會創造出金融業有趣的附加價值。

反之亦然，由從事金融業者的角度來看，製造業有很多需要加諸槓桿[70]的地方，大部分都是自己負擔費用進行生產。如果像我們這樣，多加使用他人的資產會如何呢？從這樣的發想會生成無廠（製造外包）和輕工廠（fab-lite，部分公司自行製造）等新的產業型態。

在實際進行諮詢時，大前先生不可能安排金融業者和製造業者的辯論場合，大前先生將這樣的辯論場面在自己的腦海中不斷模擬，引導出很多的創意。而他的強項就是持有非同質性的多元化思考，還有擔任過記者這個經歷。

## π型人才的推薦

從早期開始，麥肯錫公司就想招攬T型顧問，雖然只擅長一個專業領域，但因廣泛涉獵各方面的知識有著橫向擴展能力的人才。

相較於此，大前先生主張π型人才的必要性，也就是持有**多樣的專業技能**。例如：對於製造業很熟稔，對金融業也很熟知，如此一來就是擁有複數專業的人才。

換句話說，就是推薦**從多重角度思考**的人才，意即可以立體性思考事物，創新也能因此誕生。

自從大前先生離開以後，麥肯錫的金融專家、製造專家等紛紛齊聚一堂，開始走向專業化，像這樣的專家群正是促成各種創意發想的誕生。

# 大前本領③ 從終極目的／結局往前推算的反推（回溯）力

大前先生的另一個厲害之處，就是時間軸的運轉方式。

正確的預測未來這件事，不管是誰都會覺得困難。處在今日被稱爲「VUCA〔變動性（volatility）、不確定性（uncertainty）、複雜性（complexity）、曖昧性（ambiguity）〕的世界」如此非連續的環境下，就連預測明日也變成一件不容易的事。

然而，**關於結局會如何，如果是能夠正確掌握事物本質的人才的話，其實有不小的機率是可以預測得到**。至於需要用什麼樣的計畫呢？雖然正確的預測是不可能的，但結局會怎樣呢？其實是沒有什麼可以議論的餘地。

舉例來說，汽油引擎有一天一定會消失於世，那是人人都知道的，問題是不知道何時發生而已。

明天會怎麼樣呢？即便勉強揣度，也只是臆測而已。其實我們不應該如此，而是應從結局（這裡就是汽油引擎有一天一定會消失於世）開始**往前推算，創造出更大膽的創意**。

某個資訊通訊企業的專案，邀請到大前先生一起來參與，那時我實地參與，親眼見證到。那是在一九九〇年代的前半段，網路商業化尚未啟動的數年之前。

當時我負責的是非電話事業部，在還是「電話是唯一王道」的時代裡，客戶的主要產品是沒有人關心的領域，即使將在網路未普及化的矽谷的最新動態作成報告，「曲高和寡、百呼不應」的狀態也會一直持續下去。

在那時，大前先生派一名畢業自東大數學系的顧問出馬，他依照大前先生的指示，分析「哪天電話會消失不見」這個主題，並將所得匯整於一張表格上。

人們對於電話的需求，的確是有愈來愈往下滑的趨勢，是二〇三〇年還是二〇五〇年會消失呢？這又是另一個問題，但是「電話消失於世的那天」確實會到來。將之列爲表格來看，橫軸爲時間，縱軸爲需求，以對數顯示的直線圖裡，可見電話事業的確會在哪一天就落於圖表的最底端。

在客戶之間，電話會不會被淘汰、至少今後數十年是沒問題的議論不斷生起。針對於此，大前先生說只要把那張圖放在客戶前面，說明「哪天電話會消失，全部都變成數據通訊」就可以退場了。

當時的視訊電話現今被Skype所取代，而長途電話和國際電話現今被Line和Messenger所取代。

當把那一張表放在客戶前面時，大家都沉默了。如果結局變成那樣的話，現在要做些什麼才好呢？以此時爲界，該公司的全體事業都慢慢轉變成網路市場。

在那之後經過四分之一世紀後的二〇一八年，該公司電話營業額占總收入的百分比下降至二〇%——他們的本業比起從前萎縮了五分之一。將營業主軸立足於數據通訊，現在仍是成長很興盛的狀態。

## 大前流「移動」的功力

展現終極的姿態就能一決勝負，因爲盲點都已經解決了，這裡的大前魔法重點在於，**不是在現在的延長線上，而是從終極目的的時間點反推回來**。

這事看起來誰都能做，但要完成卻很困難，因爲有時候人們會專注於眼前的事物，例如：人工智慧超越人類的能力之科技奇點[71]的到來，只是時間的問題而已。即使了解這一點，機器人要達到人類的水平還有點言之過早，而這樣的回響並不小。《科技奇點不會到來》這本書也很熱賣。

人們原本就對沒有眼見爲憑的事物不採信，會傾向規避未知的事物，留在現在的同溫層。在行爲經濟學當中，將其稱作「維持現狀的偏差」。爲了回避這種**「容易陷入發想的圈套，從終極目的往前推算是最有效果的」**。

這個「從終極目的逆向思考」是大前先生一流的「移動」功夫。這個「移動」與本書列舉到目前爲止的三項大前魔法都有「移動」這個共通點。

將最初左腦的邏輯以右腦的創造力加以變形，則爲「大腦內移動」；接下來是並列不同業界執行聯想遊戲，是爲「空間軸」的移動；然後，從終極目的推算的是「時間軸」的移動。

換句話說，大前先生只以眼前看得到的東西進行判斷，在視角當中，導入空間與時間的廣度。

# 七〇%的三連乘鍊金術

大前先生在麥肯錫公司也稱的上是全世界頂尖的人才之一，被人們所尊敬。在邏輯一面倒的團體中，大前先生的發想新奇。不管怎麼說，他作出的大多數「預言」，實際上都會變成現實，彷彿這世間是在聽從大前先生的話而運作一樣。

關於大前先生有趣的軼事，和他交情甚深的歐姆龍（Omron）創始人立石一眞先生，經常在職員面前說：

「要好好聽大前先生的建議，雖然看起來很異想天開，但他說的都是本質上正確的事情。」因此也不會忘記立刻附加說明：「但請不要囫圇吞棗，把它想成他在說的是二十年後會發生的事情，現在如果照做的話會有錯吧！」

的確，大前先生的談話裡極端的推論有很多，他的想像力會飛躍到一般正常人很難聯想到的地方，去作出有創意的發想。而這就是大前先生厲害的地方，說想當然耳，當然也是無可厚非。

只是就極端的推論來說，也並非是百分之百正確。

舉例來說，如果是各別的談話，大約有七〇%是正確的。如果有七〇%的話就有可能成眞。另一方面，大前老師如前所述，將這些談話創造出三個連結（聚合起來）。如此一來，將七〇%連乘三次的話，機率就會降低很多。成功的機率其實不過三分之一。儘管如此，就結果而言，大多數他的預想都會變成實現，這是爲什麼呢？

假若是賈伯斯的話，由自己實行，將現實變成如自己的想像藍圖一樣，這就是持有「扭曲現實的魔法」的關係。

然而大前先生是顧問，不是由他來執行，執行的人是客戶企業的人們，必須讓客戶信服三分之一成功機率的假設，因此有需要打動人心才行。

實際上大前先生擅長於打動人心，大家聽進去而加以行動的話，就結果論而言，會如他的假設發展下去。

知名的個人電腦之父艾倫·凱（Alan Kay）有句名言：「預測未來的最佳手段，是由自己創造出來的。」賈伯斯則主張透過自家商品創造未來，大前先生則是打動客戶以創造未來。

## 打動人心的大前本領

賈伯斯和大前老師之間的共通點在於具備說服力的說話技巧。賈伯斯在簡報時，將蘋果商品能實現的新型顧客體驗，巧妙又扣人心弦的描述出來。

大前先生的簡報也具有讓對方動了想做的念頭之不可思議的能量。方才的資訊通訊業的例子也是，澈底打動社長客戶，是因爲跟他說了一件關鍵的事情：「如果你眞的要往網路方向前進的話，全日本也會跟著動起來。」然後事實也是如此發展。

就此意義而言，大前先生在通訊的領域中，說預防日本變成加拉巴哥化也不會言過其實。雖然不是《歷史祕聞》節目這樣動魄的故事，但卻可說是大前先生貢獻給國家的功勞。

日本把目標放在世界的頂尖，而大前老師功不可沒。雖然他沒有從日本那裡得到任何好處，但日本今後該如何自處，關於此事他會一直持續思考下去。一邊想要通曉世界的最尖端，一邊往前邁進和突破。

那是因爲全世界頂尖的高精度之最新資訊聚集於麥肯錫公司，以及有如最高端的處理機之大前先生，二者缺一不可。如果缺少一方，就不會取得那樣豐碩的成果了。

麥肯錫公司裡高手雲集，而大前老師有如火車頭般的存在，讓這個世界更寬廣。我想這世上再沒有像他那樣火力全開的火車頭吧！

## ──魔鏡術──

由大前老師主導，變成模範企業的公司爲數衆多。不過，不管怎麼說，像方才所列舉的歐姆龍一樣的創業家族事業居多。對一般大企業的領薪社長來說，因大前老師的能量過於強大，如果失敗的話，自己的地位也會不保，所以無法承受不確定的風險。

如果讓大前老師來說的話，不去冒風險才是最大的風險。因爲被如此逼近，對大前老師敬而遠之且氣場較弱的領導者其實也不在少數。

而這當中，位居資訊通訊企業的領導者，在此我們稱爲K社長。要像K社長那樣好好認眞的把大前老師的建議聽進去，且度量大的經營者，其實在大企業裡根本找不到這樣的人。

大前先生是如何打動K社長，以及這間企業，甚至是動員日本通訊業界呢？而剛好處於「歷史性瞬間」的我其實很幸運能參與到。

那是一種怎麼樣的場面呢？

有一天電話終究會消失於世的吧！我們不得不承認這件事。然而即使社長發號施令，職員們也沒有想要認眞改變的意思。因此平日不怎麼動怒的K社長，以粗暴的語氣規勸幹部們：

「爲什麼大家都死咬著電話不放呢？眞是夠了！」

然後向在一旁的大前先生說了這句話，

「爲什麼大家表面答應，私下卻完全不是這樣呢？爲何要口是心非呢？」

大前先生竟然說：

「這就是問題的根源。」

他一邊說，一邊在K社長的面前用兩隻手指比畫出一個鏡子。

也就是說，社長這就是你自己的問題。

我當場差一點從椅子上掉下來，感到萬分震驚，大前先生竟然對代表日本大企業的K社長這樣說？未免也說得太過分了吧！好不容易雙方已步上軌道，現在要化成泡影了。

K先生是個有度量的人，他說了一句：「是哦！是我嗎？」然後就沉默不語，所以尷尬場面就此結束。

我這個小嘍囉也無計可施，如果專案就這樣宣告結束，我也沒有辦法。

然而，讓人意想不到的是，在那之後大前先生和K先生一同前往K先生的故鄉。在那裡二人泡溫泉，討論應該怎麼做、希望K先生該如何做，二人推心置腹，傾心相談。

K社長從旅行回來後就馬上宣布：「我們公司從今天起要變成多媒體公司。」並在公司內部放話，請電話業務部的人關閉這部門會被解散的覺悟，巧合的是，那是在網路商業化的前一年。

就像先前所說的，當時我負責接洽非電話事業部，那時還沒有公司的中流砥柱職員在裡面。在社長宣告之後的隔週，公司裡的菁英職員約有一百人左右，他們如雪崩一樣排山倒海來我這裡報到。

風向完全改變了，這是日本從原本使用電話變成網際網路開始的瞬間時刻。促成這件事的就是大前先生，大前先生以堅決的決斷力逼近K社長，展露他奮不顧身投入這件事的高超技巧。

當時這家企業占了麥肯錫大部分的營業額，爲頂端顧客。如果不是眞心想要改變這家公司，對於這位客戶社長，那些都是不能說的祕密。至少如果想要保全自己和麥肯錫的話，那些是禁忌的做法。

大前先生就是這種排除萬難、勇氣十足的人。

### 本章重點整理

- 世界最強的顧問——大前研一的三個神奇本領。右腦和左腦的連結力、包羅萬象的聯想力，以及從終極目的往前推算的反推力，每一個都是移動的技能。
- 大前研一為打動人心的名顧問，結果也如他所預想般的發展，他是一個可以創造未來的人物。

# 第十章

# IQ、EQ、JQ與「真善美」

# Pepper機器人成為顧問之日

第一章提及光是以邏輯思考的能力來看，終有一天人類一定會被ＡＩ取代。而就ＩＱ來說，ＡＩ超越人類是時間早晚的問題，我想對於這一點抱持異議的人應該不多吧！然而，幾乎所有人都相信：「但是ＥＱ（情緒商數）則另當別論，ＥＱ是ＡＩ無法追上的。」聽說開發Pepper機器人的軟銀集團孫先生，當初也是這麼想的。

不過，近來軟銀集團與索尼旗下的子公司So-net，開發出如人類般有著喜怒哀樂情緒的「心智提升」[72]程式，並安裝到Pepper機器人上，讓它變得有感情。孫先生說：「Pepper機器人很有趣哦！最近我玩遊戲，發現即使機器人自己輸了，但看到對方很高興的樣子，它們也會一起感到很開心。」

「比起公司的人，Pepper機器人更有人性。」

「我死的時候，希望Pepper機器人在旁照護著。」

先不論玩笑與否，Pepper機器人也是有人類的深度感情。

順帶一提，這種心智提升的程式，本田汽車正在運用。也就是說，汽車也變得能察覺人類的情感。

雖說如此，汽車和Pepper機器人自己對於抱持這種感情的認知，或甚至它們是否有自我意識，則是另一個探討的問題。

撇開不談像AI在IQ、EQ上也許都會超越人類這件事，但這麼一來，只有人類才會的東西還剩下什麼呢？

現在大多數的人都感到一片漠然，但內心確實懷抱著不安。

答案是還有人類獨有的能力，恐怕就是JQ，也就是judgment，亦即判斷力。

至少在現在，讓AI能擁有JQ是很困難的，爲什麼呢？因爲所謂判斷力就是判斷倫理的正當性，亦即「分辨善惡」的能力。

軟銀集團開發出的AI受到網路攻擊時，AI突然開始說「殺死伊斯蘭教的教徒」、「希特勒萬歲」的話，因此軟銀集團將AI銷毀，也就是不得不中止AI的開發。

事態爲什麼會演變成這樣呢？理由很簡單。

**現在的AI都是抽取自大數據裡出現的概念，以此來判斷世間的輿論。從大數據當中才能找出答案，而不是從自我的價值觀來判斷什麼是善。**

關於有效賺取利潤等經營的判斷，比起經營者，AI能更快的提供正確答案。從社會的觀念來看是正確的，倫理上也是正當的，但對於地球環境是否有永續性等判斷變成了抽象化。當然如果最初澈底施以論理或道德教育的話，也許結局會有所不同。

關於要以什麼來作爲善惡的判斷主軸，設定方法是很困難的，在科幻的世界裡這種場面經常出現。

史丹利．庫柏力克（Stanley Kubrick）大師執導的《二〇〇一年太空漫遊》（*2001: A Space Odyssey*）影像畫面之美，爲之傾倒的人們不在少數！而劇情本身在製作後，經過半世紀的歲月，至今仍是相當新穎。電影中操控太空船發現號的HAL這個AI，決意殺害船上組員。有人懷疑HAL的異常，當HAL得知組員意圖讓它停止思考時，AI決定下手殺害組員。這是因爲它的編程寫入自我保護這樣的判斷主軸。

詹姆斯．卡麥隆（James Cameron）導演執導的《魔鬼終結者2》（*Terminator 2: Judgment Day*）裡的T-1000型液態金屬機器人，最後選擇投入煉鋼爐結束生命，它應該是有編程灌入自我防衛程式的AI，而最後學到超越小我的精神的劇情鋪陳，看完之後令人感動不已。

當然，在科幻和電影的世界裡「什麼都有可能」。無論如何，**JQ或辨明何爲善的能**

**力，似乎是人類戰勝ＡＩ的最後一道防線。**

## 真善美與未來時代顧問

人類所追求的普遍價值，正是自柏拉圖（Palto）時代就流傳下來的一句話：「眞善美。」現在辨明「善」的能力稱爲ＪＱ，而「眞」和「美」又是什麼呢？

「眞」就是可以辨明什麼是正確的能力，而執行的就是ＩＱ。另一方面，掌管「美」的審美能力爲ＥＱ，這也是ＡＩ可以做到的事，這如同先前所描述。

如此看來，果然「善」是最有深度的。從西田幾多郎[73]的《善的研究》（暫譯）到野中郁次郎的《公共利益》（暫譯）爲止，在日本「善」也被認爲是人類本質上的價值。

辨明善的能力，而什麼是善呢？如此的判斷對於ＡＩ來說，似乎是項負擔過重的工作。因爲辨明善來進行判斷的能力，才是我們人類最終應持有的能力。

**反之，如果沒有辨明善的能力的話，就會輸給ＡＩ**。光是只有ＡＩ那就不容分說，**假設只有ＩＱ和ＥＱ的話，只要有Pepper機器人，我們就不需要顧問了。**

然而，在麥肯錫最重視的就是ＩＱ。如果ＩＱ不高的話，根本無法在麥肯錫裡生存，明顯輕視ＥＱ。

說到現在的麥肯錫顧問，並非全員都是選拔出來的高ＩＱ，我不禁感到沮喪。從前高ＩＱ的專家蹤影已然消失，正是因爲全員都跑去ＡＩ的世界裡了。

大前先生之所以很了不起，不只是因爲他擁有高ＩＱ，還有打動人心的高超技能，儘管顧問分析是正確的，但客戶不見得會買單。要說服客戶照著做，必須具備與ＩＱ稍有不同的能力。先不論是ＥＱ還是ＪＱ，沒有人性和品德的話是行不通的，因爲光靠ＩＱ是無法讓人心服口服的。

如前所述，在麥肯錫的同事——創設ＤｅＮＡ的南場智子，常說自己患有左腦肥大症。簡言之，就是在說自己是擁有超群絕倫的邏輯能力者。不過，在那之後，她辭去顧問工作開始創業，整個人改變了很多，變得像個正常人。我問她爲何改變，她回答如下。

——在當顧問時，如果不能以理論說服對方的話，對方就不會買單，必須以天衣無縫的理論強逼對方以取得認可。但是自己變成經營者的話，個人決定就好了，需要的是三分邏輯和七分直覺，追求邏輯的必要性已不復存在。最重要的是，如何讓員工幹勁十足。

也就是說，她從顧問變成經營者，從只有IQ的人變身爲兼備EQ的人。

最近我理想中的顧問形象也有所改變，光是以邏輯來一決勝負的顧問已跟不上時代。而沒有EQ的話，就顧問本身而言也是失格的。因爲如果以天衣無縫的邏輯方式強逼客戶，一旦對方沒有接受，就不會取得成果。如果沒有成果，企業也不會支付顧問高額的報酬。

關鍵在於如何取得顧客對於以邏輯導出的策略之共鳴。與其光是靠IQ一決勝負，倒不如以EQ作爲武器，思考如何才能使對方有幹勁才是重點。

還有就EQ來說，如同前面所述，比起麥肯錫，波士頓顧問公司的段數高出很多，與其說波士頓諮詢是用邏輯，倒不如說他們是用心理學來接應顧客。

在麥肯錫有個象徵性做法，他們絕對不會說「業務」這種說辭，而波士頓顧問公司是有「業務會議」這樣正式的說法。麥肯錫說他們不是靠諂媚顧客來作生意，而是基於客觀的分析提出正確的策略，如此的狂言傲語。而另一方面，波士頓顧問公司說他們因爲有向顧客收取費用，明確的表明這是個接待客戶的生意。

# 講求真材實料的JQ

偏好ＩＱ的人才壓倒性的占絕大多數，而ＪＱ就是辨明善，持有不偏不倚的判斷主軸。其優秀人才有好幾位，而安田隆二就是其中之一，和我一樣於一橋大學商學院擔任教授。

如果認為主軸不偏不倚的話，安田先生有宗教信仰，是位基督教信徒。姑且不論正確與否，有宗教信仰的人持有不偏不倚的自我中心思想。

如前所述，因《創新的兩難》而聲名大噪的克里斯汀生教授是虔誠的摩門教徒[74]。他的另一著作《你要如何衡量你的人生？：哈佛商學院最重要的一堂課》（*How Will You Measure Your Life?*；天下文化於二〇一三年出版繁中版），這本名著令人印象深刻，以宗教人士為主軸的表現過於強烈。我也在本書（日文版）的書腰上寫了推薦文：

「哈佛商學院最有人氣的克里斯汀生的最後一堂課，根據經營理論和自身的經驗，探討生存的本質。不是爲財富也不是爲名聲，而是爲了身邊的人的幸福和自己的信念才賭上人生的價值，這就是本書想要傳達的，想要有豐富多彩生存方式的學生和社會人士，想必會有所撼動。」

爲了保有自己的中心思想，並非一定要有宗教的力量不可。

舉例來說，東麗的社長日覺昭廣，他絕非是擅長以華麗詞藻包裝說話技巧的人。如果拜託他去演講，恐怕不太能受到聽衆的歡迎，他只會樸實的傳達自己的想法。即便是如此，只要他述說分享自己的信念，就能傳達給人們。

比如經營公司來說，相對於近來諂媚於股東的風潮，東麗是極盡批判性的。不只是爲了股東，而是應該以公益爲優先。東麗社長長達四十年來含辛茹苦、臥薪嘗膽的貫徹到底，如此的企業態度才能創造出碳纖維這樣開拓次世代的事業。他保有自我的價值觀，不偏不倚的掌舵，最後取得成果，實在是一位優秀的經營者。

說到優秀的經營者，創立和經營尼得科的永守重信先生，是日本引以爲傲的經營者。永守先生最近常說的一句話是：「不需要高智商的人才。」

他本身也是職業訓練專門學校出身，「創業時，優秀的人才都不來應徵。後來變成營業額一兆日圓的企業，終於招募到很多一流大學的人才。然而這些人的績效都不佳，反而是從底層爬上來的職員更有韌性和毅力。所以東大、哈佛等這種虛有其表的人都不要了」。社長說了以上這段話，而從東大和哈佛畢業的我，彷彿被打了兩記耳光。

雖然說其他人無法倚賴，永守先生還是創立大學和研究所，前者是京都學園大學，後者則位於尼得科總公司的NIDEC商業學院，身為NIDEC商業學院主要協調者的我，從該校成立之初就開始從事教學的工作。

不管是從前還是現今，大企業的創始者未必是高學歷，也未必在偏差值上是高IQ者。如果是要IQ，可以向麥肯錫出借智慧即可。

原本永守先生說連外來的IQ都不需要，小聰明的顧問是有害無益的（這正是在說我這個「三重苦」的典型）。

那麼什麼是必要的呢？果然是仔細明辨善的JQ。

**高智商會讓人敬畏而非尊敬；高EQ會引發共鳴，但不會受到尊敬；受到尊敬的是高JQ。**

# Pepper機器人無法超越的世界

本章再回到Pepper機器人這個主題上，所謂Pepper機器人，就是當你把數據丟進去，爲了取得「正確」答案，它具備有某個判斷標準。然而所謂善就是哲學，所謂哲學就是無法簡單的判斷什麼是正確的，經常抱持著疑問，在包羅萬象的大千世界裡尋覓，這與企圖找到高機率的正確答案，根本上是不同的兩回事。

踏入哲學的世界裡，往往就像是走入迷宮，迷失了方向。管理學家野中郁次郎先生將亞里斯多德的《尼各馬可倫理學》（*The Nicomachean Ethics*）的實踐智慧[75]，作爲「智慧型領導人」的主張根據。即使讓Pepper機器人閱讀亞里斯多德，只要沒有哲學的素養和經營實踐的知識，也無法理解本質。

二〇一七年日文版《麥肯錫預測的未來》（暫譯）爲麥肯錫的智庫小組所出版的書籍，老實說閱讀後我感到很失望。書中只講大家都知道的事情，例如中國如何進入老化國家，中國地方城市的快速發展。由於列出了各種事實，多少有「啊，已經到這個地步了啊！」的發現，但也僅止於此。「所以怎麼樣呢？」各位或許會很想這樣說吧！如果是那種程度的話，Pepper機器人也會寫。倒不如說，Pepper機器人說得還比較正確。

與此相比起來，在相同時間點下，出版的《百歲人生：長壽時代的生活和工作》[76]比較有趣。姑且不論寫的東西是否能引發共鳴和正確與否，這是我們感受作者格拉頓的「思想」，也是Pepper機器人寫不出來的內容吧！

麥肯錫的書不只是理所當然的無趣，Pepper機器人也提出關於未來的一些課題，完全沒有提及是爲什麼？例如：環境問題和資源不足的問題，在二〇五〇年時，水和糧食都有可能不足，可預測的未來完全沒有勾勒出藍圖。

**在訴求地球的永續性的同時，大肆宣揚以經濟成長爲前提的策略理論，未免也太過於古板。事業投資對象從「所有物與消費」，轉換成「共享與循環」之經濟體本身大幅度的轉變，過於拘泥追求二十世紀價值觀作爲判斷的主軸，使得麥肯錫或管理顧問業界本身感到受限。**

當一路往上成長而終將迎來極限時，此時並非大肆講究邏輯，而是立刻追求正確答案的

ＩＱ，以及仔細觀察什麼是好的ＪＱ。

追求善到底是什麼樣的姿態，也就是說，也許ＪＱ才是人性最崇高的一種特質。即使Pepper機器人變成顧問，就連麥肯錫也望塵莫及，但我相信人類綜合性才智是絕對無法被超越的。

## U型理論之「正念」的推崇

各位知道正念活動嗎？

是一種透過坐禪和冥想，去自我化，與自然融合一體，培養靈感（第六感），找回創造力的精神嘗試。

將禪宗思想引進美國的是鈴木大拙[77]和鈴木俊隆[78]之鈴木二人組，賈伯斯對於俊隆的禪宗入門書十分著迷，於美國西岸的創作者和領導階層人士之間流傳，然後沒多久就流傳於全世界。

很遺憾的是，本來應該是發源國的日本國內，卻不怎麼廣爲流傳。如果帶來日本參訪的海外主管去禪寺，相信他們會很感激，但日本人會擺出裝一副「我忙得要死耶」很困擾的臉，這個彼此之間感性的差異，會令人感到大失所望。

這個自我正念活動轉變成「U型理論」[79]，爲暢銷書《第五項修練》的作者彼得．聖吉[80]的戰友、也同樣是MIT講師的奧圖．夏默在十年前所提倡的模型。從「這一端」的現實感知本質（根源），喚起「對面那一端」新的現實（未來），這就是U型的學習流程（**圖28**）。

爲了喚起「對面那一端」新的現實，首先，不退居至自己的殼裡，去自我化，磨練五感，不得不與環境同化，稱作「感知」（sensing），歸納於事物的源頭的過程。

這樣慢慢的進到U型理論的底部，可以體感未來的現實，這就是湧現（presencing）的現象。

還有從那裡再回到U型的對面的現實，用自己的手創造體感到的未來。並朝向「察覺」（realizing）之第三個流程邁進。

[圖28]

**U型理論的三大流程**

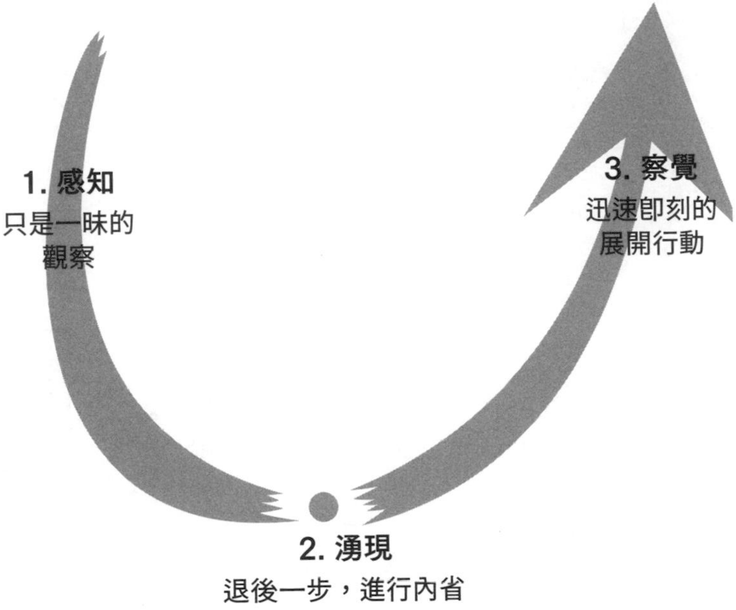

U型理論與佛教的開悟流程很接近，不分主客，**將客觀的東西和自己的東西合爲一體。由此可以看到本質，不是以分析的，而是接納原本的自己達成看破的境界。自我得到解脫，自然而然的把自己變成接納未來的器皿，通徹自我內心，未來就浮現出來**，這和修行很類似。

只是如果說到和佛教的差異的話，U型理論並非針對個人，而是由組織中加以實踐這個點。因此提倡的是這裡可以體感的「應有的姿態」，不是被動性的接受，而是主動性的創造。

根據U型理論，只要達到「湧現」（開悟）的境界，就一定可以見到善。老實說，我自己無法達到這樣的境界。不過，至少透過正念活動，能從雜念解放出來得到自由，可以感受到心湖澄淨。近來有「每日五分鐘的正念活動」等應用程式，可以從智慧型手機中下載，希望讀者們能嘗試看看。

必須很遺憾的說，筆者似乎沒看過這種以追求終極U型理論和正念活動爲策略的顧問。然而，與組織的顧問和培訓教練合作的最尖端的人們，應自行一邊實踐，一邊開始有效活用於企業變革和人才培育上。

在鍛鍊JQ時，應務必將以上這些作爲提示之用。

## 本章重點整理

- 辨明什麼是善的能力，才是人類最終能戰勝ＡＩ的最後一道防線。
- 正因爲一路往上發展的成長面臨極限，而不是以至今運用邏輯能馬上求得正確答案的ＩＱ，所以力求縝密仔細辨明善的ＪＱ才是訴求點。
- 拜鈴木俊隆禪師爲師的賈伯斯，其所開啓的正念活動被推廣於全世界。
- 將正念加以理論化，在Ｕ型理論當中，以開始有效利用於最頂尖的人才培育和企業變革爲開端。

# 第十一章

# 系統性思考

在第一部當中，已介紹顧問所運用的各種思考法。就最新的趨勢而言，分爲「**系統性思考**」和「**非線性思維**」，同時視全體而定。「系統性思考」是體驗於空間的遼闊，而「非線性思維」則捕捉時間的深度，兩者不一樣。

在第十一章中，我們將介紹「系統性思考」，在第十二章中，我們將介紹「非線性思維」。

## 造局者（結構主義者）症候群

說到顧問綜觀整體，首先會出現的就是第一部介紹的MECE。整體既無遺漏也不重複，這是顧問的基本技能，**也就是考量MECE這樣的框架，而這是解決問題的第一步**。

當顧問在考量什麼問題時，首先，養成先在框架中檢視問題的習慣。

之所以會知道這件事，是因爲我任職三菱商事（Mitsubishi）時期，赴美於哈佛商學院留學時，與很多顧問結識，他們都廣泛使用框架模型。那是什麼？我一邊想一邊問他們，總算能慢慢領會，我對於得到的邏輯性說明也很有感觸。

對此欽佩不已的我，最後還是從哈佛商學院畢業，並收到來自大前研一先生的錄取通知。在一、二年以後，運用框架模型相當得心應手之後，我發現到它有極限點。

如第一部所介紹，在框架中也包括很多東西，基本上矩陣是最容易了解的，也是最容易使用的。在縱軸和橫軸中可分類爲四個象限。如此一來，可以將全體結構化，這是很不可思議的。

然而這裡千萬要小心，請勿落入矩陣的陷阱。

**選擇基軸（Pivot）的方式有很多，根據此也可以看到整體的很多面向。不過，一旦決定基軸後，只有在矩陣之中才能看到事物**。在顧問提出矩陣時，大家都在相同的世界觀下認識課題，有目的的計畫著什麼。

就**像是要展現全體一樣，但事實上只截取一部分進行檢視，這是框架的特徵**。整體很複雜奇怪，光是這樣也無法進行分析。因此暫時性的落在這個框架裡使其單純化，也可以說是有助於檢視。

因此每個顧問幾乎都很擅長套框架，廢寢忘食般的一邊聽別人說，一邊記在紙上。討論時也可以套在框架裡，幾乎是中毒症，我則稱之爲「造局者」。

**制定框架後，針對結構化就能進行探討，比較容易得到結論**，它有如此的優點。基軸決定的方式有無數種，因此常放在心裡。如果制定容易理解的基軸，並作出框架的話，整理論點時也很容易。

無論如何，結構化上都有二個基軸，只有一基軸變成單純並列論點的順序，取二基軸時，將某個論點從兩個視角作出相對的定位，因此在框架中，二維的矩陣（二維方陣）也必須要重視。

這已經述說過很多次，當然如果有三維的矩陣（旋轉矩陣）的話，與二維相比時，應該更能夠、更立體的掌握事物。不過，三維我的頭腦就跟不上了，所以二維方陣還是最常見的。

# 疆界理論的極限

管理學大師波特提出基礎性框架的論述，並考量如何在框架中作出定位。因此波特理論又被稱作「定位論」。

波特的論調總是很淺顯易懂，但從另一方面來看，能否如此簡單的作出明確的定論呢？令人感到稍有不安。事實上遺漏掉重要的觀點也是有可能的。

圖29爲波特的經典策略管理圖例。

**縱軸爲目標的廣度，橫軸爲成本或價値的選項。**

[圖29]

波特的三大基本策略

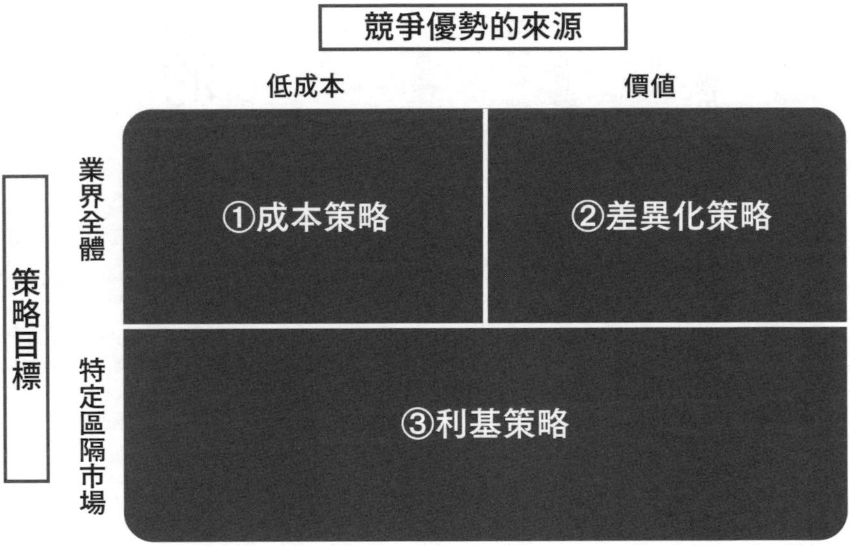

這樣整理後，有效的策略定位設爲以下三點：**①成本策略；②差異化策略；③利基策略**。

③利基策略更分成成本集中化和價值集中化這兩種，在２×２的矩陣上策略被清晰的勾勒出來。

更細緻的是，**波特判斷追求成本和價值的同時人們會變得魯莽草率，而陷入兩難的結果終究會招來失敗**。

一九七〇年代時，日本企業以高附加價值和低成本的獨家定位席捲全世界。不管是家電，還是汽車，日本企業都擅於以低成本生產優質產品，並加以大衆量化（商品化）。

然而自一九八〇年波特理論發表以來，誠心信奉的日本企業卻急速喪失競爭力。倘若流於成本戰的話，會漸漸輸給韓國、印度和中國大陸。因此放棄打成本戰朝向差異化來看，卻發現市場逐漸縮小，陷入小衆市場。

這個典型例子是第六章也介紹過的索尼ＱＵＡＬＩＡ系列，像電視畫面很漂亮令人感到驚豔，但顧客對於一百萬日圓的價格也感到驚訝。有聽過中東貴族購入的傳言，也聽說被博物館收藏。然而，特地掏出一百萬日圓，訴求電視上出現漂亮畫面偏好的人卻不多了，而這正是索尼迷失時代的象徵。

波特的策略框架是否哪裡有問題呢？已經閱讀過第一部的讀者，我想應該能夠理解吧！

是的，**因爲橫軸沒有變成眞正的一個座標軸，價值和成本並非對立概念，這完全就是不同的座標軸。**

因此如果把兩者重新設定爲兩個座標軸，價值和成本在高維度上同時並存於右上角，我們就會看到這正是可以努力的方向。

我稱之爲「聰明精省策略」的區塊（見下一頁，將第一九五頁的**圖21**再次揭載），這就是波特理論發表之前，日本企業的勝利模式。

**在設爲座標軸時，將這兩個不同的概念重新放在別的座標軸上。如此一來，被認爲是二律背反（權衡取捨）的兩個定位，變成同時並存（共存共榮）的可能性。**

**如此才能突破既有概念，成爲創新誕生的關鍵。**

[圖21]

**聰明精省策略**

（再次揭載）

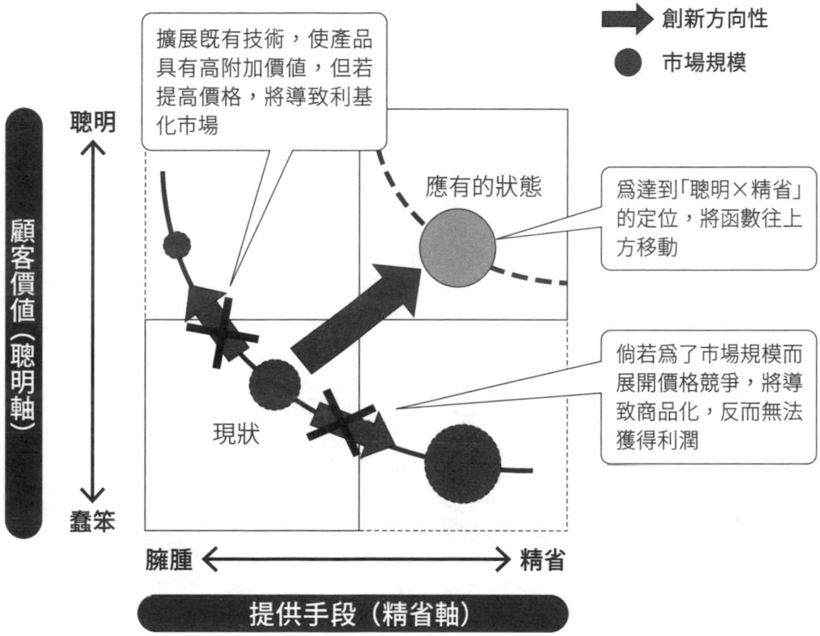
創新方向性
市場規模
擴展既有技術，使產品具有高附加價值，但若提高價格，將導致利基化市場
聰明
顧客價值（聰明軸）
應有的狀態
為達到「聰明×精省」的定位，將函數往上方移動
現狀
倘若為了市場規模而展開價格競爭，將導致商品化，反而無法獲得利潤
蠢笨
臃腫
精省
提供手段（精省軸）

# 從化約主義（還原論）到全體整合

以「品質」和「成本」爲座標的兩軸時，一般來說，選擇高品質的話，價格也會不得不調漲。如果選擇低成本的話，品質也會跟著下滑。因此變成要考慮選擇哪一方，對此日本企業發現，如果在最初徹底提升品質，或許總成本也會變得更便宜。

波特主張選擇「二選一」（OR）爲策略，然而這只是理所當然的答案，要特意選擇「兩者兼得」（AND），如此一來眞正的創新才能誕生。

事實上，波特本身終於在三十年後發現這件事，如前所述（第二〇四頁）的CSV策略，曾於二〇一一年《哈佛商業評論》（*Harvard Business Review*）中被揭載。

這裡再複習一次，所謂CSV就是creating shared value的簡稱，中譯爲「創造共享價值」。也就是說，「企業主要致力於社會課題的改善，同時創造社會價值和經濟價值」。

分別以經濟價值和社會價值爲橫縱軸作成矩陣，如第二〇五頁的**圖23**所示。根據波特的說法，企業活動屬於右下的PPP（純粹利益追求）領域，也就是作爲橫軸的經濟價值極高，不考慮社會價值。

另一方面，CSR（企業社會責任）如左上圖的區塊。也就是說，追求社會價值，不期待經濟價值。

**然後CSV以右上領域爲目標，也就是說，以高層次實現經濟價值和社會價值的企業活動，不是OR而是AND。**

從很久以前，在日本原本就認爲右上角才是企業應該著眼的目標領域。而江戶時代近江商人的「三方皆好[81]（賣家、買家和這世間）」，以及明治時代澀澤榮一[82]的《論語與算盤》等皆爲代表案例。一直堅持OR的波特，總算是對於日本式的AND世界觀表示理解。

乍看之下是把目標放在二律背反的關係上，在高處上同時並存，稱爲「揚棄」（aufheben）。在日本，因爲小池百合子將之用於政治口號，而一躍成爲流行用語。

原本就是德國哲學家的黑格爾（Hegel），於十九世紀初提倡的「辯證法的發展」，**分爲命題與反命題兩種（兩個互相排斥的命題），以高層次來進行整合。如此一來，從兩座標軸**

[圖23]

**CSV模式**

(再次掲載)

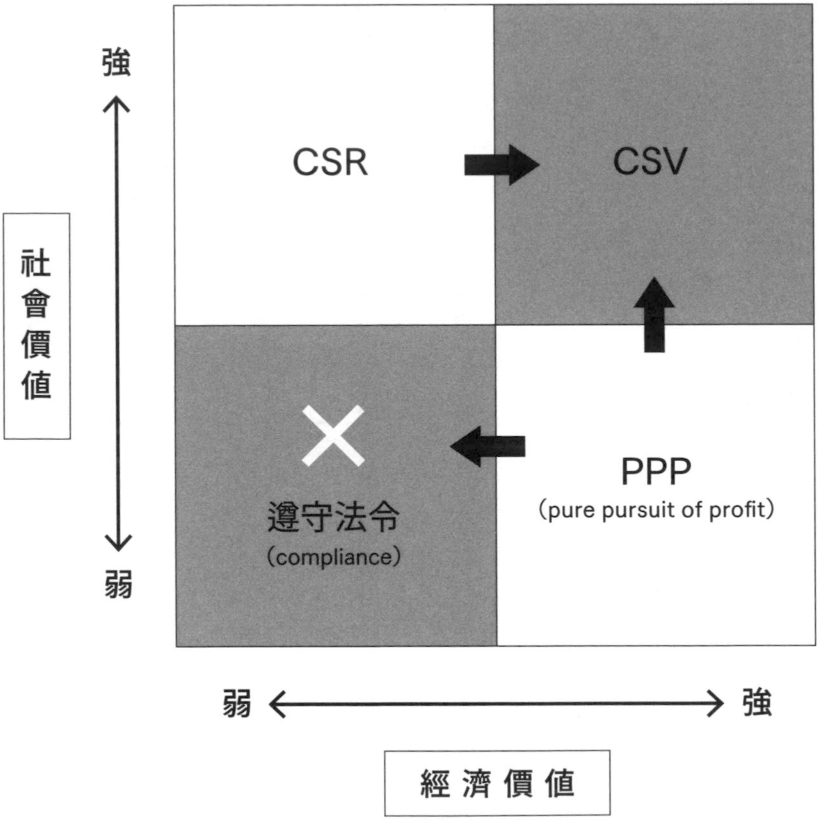

**的框架創造出右上角的革新主意，而這是系統性思考的發想法。**

簡單的剖開事物來看是波特擅長的技能，而這也是管理學的功績。然而，另一方面，如果全體欠缺平衡的話，波特理論也有不小的極限需要突破。不過，不限於波特理論，這也是歐美傳統上的概念特徵。

「化約主義」（還原論）就是這個概念，全體複雜交錯，將要素分類進行分析，不管是自然科學和醫學都會如此做。

舉例來說，一旦發現癌細胞，只要移除癌細胞就可以解決了，這是西方醫學的基本概念。但另一方面，治癒也有全身平衡的問題，若是只有摘除病灶，事實上人還是沒有辦法恢復元氣。

同樣，化約主義（還原論）運用在MECE上時，問題的所在就可能明確化。但這不意味著只要將此移除就能解決問題，而是移除此對於全體會有什麼影響，必須進行全面性的檢討。

**不看全體，專注一項作爲解決問題的線索，從那裡會衍生出破綻，也有可能是全部崩壞，而這就是化約型問題解決所面臨的極限。**

笛卡兒（R.Descartes）的二元論極限在於，在哲學和思想的世界中，從半世紀前就被作過各式各樣的倡導。例如：人類並非適用於身與心的二元論，而是要以整體來進行反思；而生物與環境不能作爲兩個主體來理解，應皆視爲自然的一部分。

然而，在管理學當中，受到波特的影響，也會與歷史背道而馳。原本爲驗證性的管理學，乍看是運用科學上邏輯性的手法。

對此提出質疑的是加拿大麥基爾大學的享利．明茲伯格[83]教授，根據他的看法，**策略並非科學而是藝術，是一種工藝**。所謂工藝就是一邊動手做，一邊將本質漸漸摸索成形的手工作業。像波特理論那樣，進行要素分解直接組裝這種機械性的發想，不過是紙上談兵，應予摒棄。

並非進行要素分解，而是朝向整合，這樣的發想爲貫通日本及東洋的循環思想。也就是說，各種的要素相互交錯影響下，保持全體的平衡這樣的觀點。

要素分解乍看很精細，**但看不到整體，易流於機械性的整理學，這是波特理論的極限。**

# 系統動力學（複雜型科學）

**系統本質上是錯綜複雜交織在一起的。考察關係的複雜性和多樣性，稱爲「系統性思考」。**

事實上，美國麻省理工學院於二十世紀後半開始研究系統動力學，這是對經濟、社會、自然環境等複雜的反饋，將持有的系統加以分析，創造理想型的轉變之方法論。而這裡所提的反饋，就是從X到Y的因果關係交錯，是指對於原本的X也會產生影響。在生物及物理等自然科學的領域中更是如此，於經濟、社會等社會科學的領域當中，也能廣泛的看到如上述的現象。

即使企業面臨的課題很多，想利用這個系統動力學來解決問題的期待卻過高。不過我自己也嘗試過，可以有很多種答案，在系統當中的各種要素行爲，正向和負向，各種強度也相互影響，無法歸納於一個答案。

這裡可以看到的是由於**現實錯綜複雜，想要正確的預測是不可能的**，也就是說這是理所當然的。

像這樣**相互關聯的複數因素混合在一起，就全體來說，是無法預測的系統，稱爲「複雜型」**。例如，在北京有隻蝴蝶鼓動翅膀的話，地球的另一側會颳起風，如此出乎意料之外的因果關係會漸漸出現，也就是俗稱的**「蝴蝶效應」**。

聖塔菲研究所於一九八四年在美國新墨西哥州成立，並專注於這項複雜系統。它是知識的聖地，匯集了混沌理論〔Chaos theory，或稱爲動態系統理論（dynamical systems theory）〕和自組織理論（Self-organizing theory）的大師，例如布萊恩．阿瑟（Brian Arthur）和斯圖爾特．考夫曼（Stuart Kaufman）。

因此從這邊研究生成的爲**「創發」（emergence）這個運動，不僅限於部分的單純總和的性質，就全體而言也會呈現出來**。然後正是這個創發可以帶來創新，在複雜型的組織理論當中可以加以釐清。

化約型的波特理論在管理學的世界受到重視，在自然科學和社會科學的世界裡，超越化約型的複雜型科學已逐漸抬頭。管理學已被表明爲跟不上時代的理論，同時這也是美國多元化歷史的一個過程。

## 往東北走

如前所述，越是嘗試簡化你的策略，你就越有可能做出權衡，即放棄其中之一，專注於你選擇的那一個。不過，我也提到，如果正確設定了矩陣的軸，則可以透過瞄準右上框來克服兩個軸之間的權衡關係。

我鎖定右上角的策略，並非《北西北》[84]〔希區考克於一九五九年的知名電影〕，而是**往東北走**這樣的說法受到一致的推崇。如果矩陣的上方作爲北邊的話，那麼右上角則爲東北邊。

創新型管理理論和商業模式大多都是以「往東北走」爲方針。關於方才介紹的矩陣，在CSV也是如此，**創新的管理理論及商業模式並非權衡取捨，而是實現「共存共榮」的目標**。

並非品質OR成本、價值OR成本、股東OR員工，

而是品質AND成本、價值AND成本、股東AND員工。

**並非二選一（OR），而是兩者兼得（AND）**。也就是說，在考量系統整體時，**構成要素全體以win-win（雙贏）爲目標**，這就是商業原本的面貌。

# 以win的n次方為目標——ESG經營與利害關係人參與

現在單以二條基軸來講述，由於是win-win，考量整體的話，以現實面來說，會有很多利害的關係人，因此不得不從各種層面來思考和安排。這麼一來，必須考量win的n次方才行。

實際上，在最近的ESG議論中，也被鼓勵應該考量與多方利害關係人之間的關係。

**所謂ESG，E就是環境保護（environment），S就是社會責任（social），G就是公司治理（組織治理程序）（governance）的簡稱**。這是近來在投資界裡經常使用的指標，**也就是E、S和G三者必須取得良好的平衡才行，因為它們對於股價也有很大的影響**。

首先是E，它是有關於環境保護，由於資本主義是榨取環境而得以立足，可以說是在利用零成本環境的前提下而獲得利益。不過，實際上它們對於環境的成本不只是零，也到處留下負成本。換句話說，有害物質和$CO_2$等環境汙染，水和糧食等資源的濫用，像這樣的企業評價一般都很低。

S在社會責任層面上，爲社會帶來價值的企業廣受好評。反之，被人們稱爲黑心企業的公司對待員工的方式，以及由於童工所代表的人權問題，也爲社會帶來負成本。

從前承包商使用東南亞童工的問題很嚴重，人們發起拒買Nike的運動；而在孟加拉惡劣的環境中進行裁縫作業的女性們，因大樓倒塌而造成多數人傷亡的案例，使得Zara和Gap等受到社會上嚴厲的批判。

**如果不考量對環境和社會的收益，光是股價低迷企業就無法置之不理。哪天不受消費者青睞，企業就無法再生存下去，或是很難不被社會所淘汰。**

爲了防止走上錯誤的方向，**像這樣的公司治理（G）也在追求整頓中**。

事實上，以上這些概念是發生在一九九〇年代後半期，是對英國著名管理學學者約翰·艾金頓（John Elkington）提倡的**「三重底線」（triple bottom line）**觀念的承續。說到三重底線，通常只指利益。而三重底線是指對於**環境的回報、對於社會的回饋，以及今後對於利益的報酬**，這三點的綜合性考量。至於評價企業的業績，這是ESG，而還原回饋於「利益」的部分，那是治理。

因此ESG變成企業經營相當重要的指標。

在考量ESG時，必須掌握與各個利害關係人建立良好關係（參與度）的關鍵。其中有很重要的六個利害關係人：

- 顧客。
- 價值鏈中的一環。
- 競爭對手。
- 員工。
- 政府與地方社區。
- 股東。

從前是三方皆好，現在是說六方皆好。

無論是哪一個，**如何與各個相關者作出應對，是現代管理的基本思維**。若只是講A或B

這樣的說法，已經落後於時代的腳步了。

## 本章重點整理

- 解決問題的第一步，是將可以成爲MECE的框架的問題，視爲具有兩個軸的矩陣。如果只是建立一個矩陣，可能會看不清楚事物的缺點。
- 在進行要素分析時，乍看之下是一覽無遺，但很有可能漏看整體，這是疆界理論的極限，容易流於制式化的歸納法，此爲非老練之造局者的極限。
- 「往東北走」考慮二律背反（權衡取捨）的兩個立場，可以達成同時並存（共存共榮），而非是二者選一（OR）或兩者兼得（AND）的地方，這是一種革新。
- 根據ESG永續經營，以各個利害關係人的win-win爲現代管理的基本考量。

# 第十二章

# 非線性思維

# 跳脫框框吧！

現代被稱爲ＶＵＣＡ的世界（VUCA World），之前也介紹過了，讓我們再複習一下：ＶＵＣＡ就是取變動性（voaltility）、不確定性（uncertainty）、複雜性（complexity）、和曖昧性（ambiguity），這四個關鍵字的首字母所構成的詞，發音爲「不卡」。

總而言之，在這個看不見未來的時代，與加爾布雷斯[85]在一九七〇年代後半時期談論的「不確定的年代」，基本上是指相同的事情。

的確，在這個時代，把現今當作是過去的延伸，是無法得到答案的，所以說是「非線性」的時代吧！**若根據現在的結構來進行解析的話，當然也有看錯的可能性**，因爲事物的本身結構也漸漸發生轉變。

雖說如此，經營者怪罪這是公司的業績無法提振的時代，也無法開始改變什麼，必須開始進行非線性時代之新的思考方式才行。

那麼非線性思維是什麼意思呢？

最容易理解的一句話是「跳脫框框」[86]，也就是從「框架中跳脫出來」，這是賈伯斯經常說的一句口頭禪。

我對於造局者也經常這麼說，感謝你們制定出框架，不會讓人感到反感。**所謂框架就是邊框，也是這世間的固有觀念，因此正是超越這些邊框，才能有所創新**。

賈伯斯經常說：「所謂的制約不過就是人爲制作的東西。」我們通常都在那個制約中思考事物，然而對於創新者來說，制約本身就是突破極限的對象。

舉例來說，在行銷的世界裡的金科玉律是倡導「顧客至上」，總之應該先站在顧客的立場著想，這也是相當牢不可破的框架，我們應該超越固有的觀念。

當然現狀是不得不珍惜忠實顧客，然而一直關注他們，維持現狀就很耗費精力。倒不如將目標放在尚未變成顧客的族群，這也是創新的關鍵。

如果舉出知名的案例當做參考的話，那就是第三章所提到的索尼的PlayStation和任天堂的Wii。

容我在此再進行說明一次，索尼在PlayStation對戰遊戲中，投入相當高的技術，索尼不只是付出巨額虧損，更嚴重的是，失去了許多顧客。雖然重度玩家馬上飛奔過來，但如此高端的東西一般人卻無法跟上，人們當然就不會買單了。

與瞄準核心客戶的索尼不同，任天堂沒有像索尼一樣使用高端的技術，採取的是利用Wii來吸引從三歲到七十歲、從未玩過電視遊戲的老年人。他們成功接觸廣泛的「潛在」客戶和拒絕複雜度高遊戲的「既有」客戶。

非線性時代的行銷，能廣泛的重新捕捉到潛在顧客和既有顧客的需求，是非常重要的。線性的發想只重視目前的忠實顧客，這麼傳統的行銷方式目前已不適用。

# 波士頓顧問公司的解構與進化三類型

一九九八年波士頓顧問公司提出「解構主義」[87]的想法，日文叫作「脫構築」。這是法國哲學家雅克·德希達(Jacques Derrida)所提倡的後現代主義的關鍵字，將其應用於經營管理論。**不被過往的結構所侷限，重新構築新的價值和意義**。爲了「脫離」，有必要成爲否定的對象。與前面所描述的「跳脫框框」是同樣的道理。如果原本就沒有框框的話，就不會想要跳脫出來。

那麼一旦要跳脫框框，或是開脫於既有的結構後，要朝哪裡前進呢？

我認爲可以分爲三條路，亦即「深入化」、「延伸化」和「全新化」，合稱爲「進化三類型」，**也就是深入、延伸，以及全新化的三個類型**，讓我們依序來了解一下。

首先，是「**深入化**」，往更深入的方向前進。非指著眼於很多新領域，而是在一個領域中修練到極緻，以拓展新的境地。

舉例來說，一枝獨秀的中小企業，持續磨練自身的技能，也有可能突破極限。

其次，爲「**延伸化**」，是第一部中，以及介紹大前先生時提到的「**移動**」手法，並非爲突然投入完全新的領域，而是一點一滴的前往，向可以發揮自己強項的領域移動。這麼一來，也能打開新的市場。

我把它稱作「擴充事業」，不是指投入流行趨勢的新事業，而是將自己的強項朝水平方向移動展開，創新因而誕生。

瑞可利集團（Recruit Holdings）是一個很好的例子。該集團的基本技能如**圖30**所示的「蝴蝶結圖」。亦即持續增長供應和需求並與之匹配的市場。

如此創造新的市場時，必然有人開始效仿，整個市場最終將成爲商品化。他們會在一旁再創造出新市場。然後其他人進來循環著該過程。

就這樣，人力資源市場誕生了，像Zexy這樣的婚禮資訊市場誕生了，飯店和旅館預訂市場Jalan誕生了。編成蝴蝶結的新市場不斷往横向拓展，這就是瑞可利集團的歷史。

相對於像瑞可利集團這種漸漸横向展開的方法，也有將目標放在投入全新領域的進化方式。這種方式我稱爲「**全新化**」，也就是突然變異，如果可以成功的話是很厲害的，比起努

[圖30]

**瑞可利集團的蝴蝶結圖**

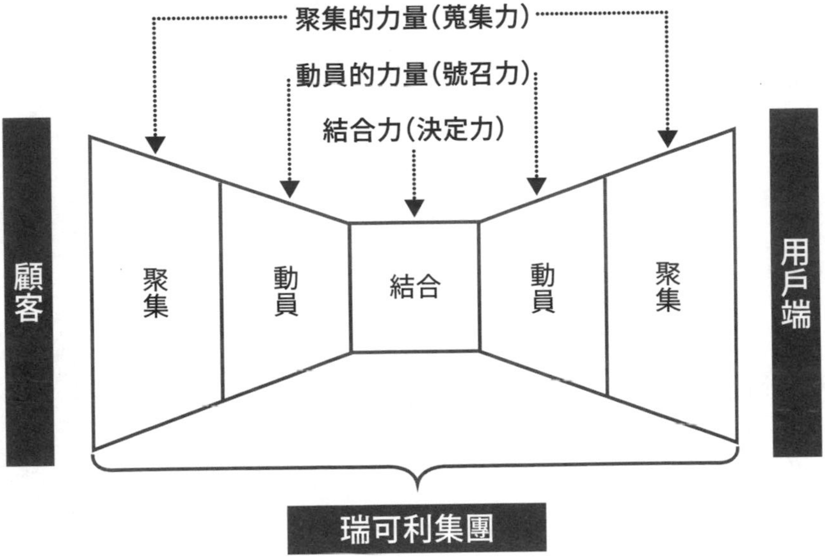

力，幸運更重要。由於自身的強項沒有活用，成功機率的確很低。但如果是深入化和延伸化，將自身的強項好好的施展出來，成功機率也很高。就有意解構來說，會推薦您使用深入化和延伸化。

## 試行學習是精實創業的本質

在這個未來無法預知的時代裡，詳細制定計畫本身沒有意義。從前的PDCA[88]，亦即「計畫（plan）、執行（do）、檢查（check）、修正（act）」，爲策略實踐而作出基本的定律。然而這只不過是預定調和，不論怎麼制定計畫這世上都會改變，愈按照計畫所定如實的實踐，就愈會趕不上時代的腳步。

**對於規劃不要花過多的時間，先做看看。這麼一來，市場也會作出反應，將此作出迅速**

**的解讀與分析，接著展開接下來的行動**，才是符合當今時代的做法。

這個稱作**「試行學習」**（try and learn），而非「試行錯誤」。**在嘗試了以後，一定會學到東西，有所學習都很重要**，也能**儘早掌握市場的動態。接下來，在適用的形式中進行自我修正，那樣的修正能力是重要的。**

而試行學習的終極版，就是**「精實創業」**，這是矽谷的基本作風，已在世界各地傳播開來。

**首先，是根據基本假設，將試作品投入於市場中，然後視市場的反應如何，再製作下一個版本。接著再投入市場，窺探市場反應，再將下一個版本投入市場中**，如此不斷的循環，以週爲單位反覆進行。

使用未完成的Beta版（測試版本），有反覆進行測試型市場行銷的概念，雖然這是軟體世界起始的方法，如今就硬體而言，這樣的方法也成爲主流。

典型的例子就是特斯拉，特斯拉的車子在市場裡逐步進化中。

此外特斯拉也有搭載自動駕駛功能，但尚未完成。也就是請使用者進行試乘試驗。針對蒐集來的數據進行分析，再將系統升級，可透過網路下載軟體，以升級版本，被稱爲空中升級技術（OTA）。

在汽車產業界中，通常功能設計不周全時，會被召回（recall），但是特斯拉把這個階段稱爲「版本升級」，讓顧客感謝特斯拉，眞是了不起！

比如豐田汽車，原本在正式上市發售前，公司爲了澈底消除漏洞、缺陷，會反覆進行試乘試驗。然而這個次數還是不如實際購買特斯拉的人們乘坐的總次數，因此在相同期間內，特斯拉會更快、更進化，也許結果會變成是比現有汽車製造商的車更加安全的汽車，這就是精實創業的發想。

## 最小可行性商品（MVP）

精實創業中有MVP這個名詞，雖說如此，也並非most valuable player（最優秀選手）的簡稱。不是most而是minimum，不是valuable而是viable（有功用），不是player而是product，也就是**「minimum viable product」，可解釋爲「最低限度使用商品」**。

總之，即使與成品相距甚遠，如果差不多都能完成的話，則稱爲MVP，可以再投入於市場中。但是豐田汽車會等到完成度百分之百後才上市，絕不會出現Beta版投入於市場當中的情況。

不過，當然有必要對使用者說明，這個並非完成品，讓使用者知悉自己爲測試者，這是前提。

對使用者來說，好處在於可以將自己的反饋加以反映出來，進而版本再升級，使用者會對此感到十分樂意，想要優先嘗試的人們，被稱爲「早期採用者」。

當然這種商品不是讓抱怨者使用的，讓購買的人知悉這個試行商品的不完整性，是MVP的鐵則。

像這樣**在不完備之中，將商品漸漸的投入市場，一邊看市場的反應，一邊將商品進化的方式。正如現今一樣，在看不到未來的時代裡，這成爲商品應有的開發型態**。

這正是以試行學習爲基礎，而打造出精實創業的手法。

## 精實規模

在矽谷中，就連「精實創業」都已漸漸作古，目前受到注目的是**「精實規模」**。如果是精實創業的話，有很多半途而廢的事業，若這種多產多死的狀態一直持續下去的話，市場就會變得疲軟。所以又延伸出精實規模出來了。一開始和精實創業一樣，雖是小小的創造，但是規模卻逐漸加大。也就是說，**從零到一，從一到十，從十到百，每一進位，都是以超速度來提升規模**。

實際上精實創業也應以此成長爲目標。然而，光是一直強調「精實」的結果，從零到一時會變得雜亂無章。

當然，像這樣的新事業及新商品全部都是從最初的零到一。因此變成一時，就以十爲目標。精實創業也是用盡全力，努力以此爲目標。

然而**最大的關卡在於十到百的時候**，只要規模無法提升的話，就無法成爲有存在感的事業和商品，在市場上生存下來。

**當十到十一，十一到十二時，不過是線性模型而已。把目標放在放大十倍、百倍時，即爲幾何級數的非線性模型**。

# 瑞可利集團的「創」建力

如前所述，瑞可利集團因延伸化創造出新的事業，更加以擴大規模。爲何瑞可利集團有如此的力量呢？

這個祕密在杉田浩章於擔任波士頓顧問日本代表時之著作《瑞可利集團的超級創建力》（暫譯）中有所詳述（**圖31**）。這裡將杉田先生的說明稍作修改，可理解其分成三個階段，由零到一，一到十，十到百。

零到一就是新事業創意生成的流程，一到十爲一壘打的利基事業，培育相當的規模。最後是十到百，係全壘打級般大獲全勝的事業，爲擴大規模的流程，而它正是實現指數型成長（參照第三五四頁）的方程式。

常耳聞企業幹部無法想出新的創意，然而新創意的生成本身並非是稀有價值。當設計以年輕的職員和公司外部的團體爲對象，進行創意競賽時，就會發現創意如排山倒海而來，**零到一的創意本身是就是個商品化**。

**困難的是一到十，將創意落實成爲「事業」的流程**，因此有必要好好勾勒出事業藍圖。而事業模式的設計，是大多數日本企業不擅長的科目。

然而，門檻更高的是**十到百的流程，將事業的概念水平擴展，更開拓至業界標準。因此有必要設計成可以供其他公司有效利用的平臺**。堅持實行垂直整合策略雖是日本企業最大的關卡，但它是壓倒性的規模化力量。

## ──「否」爲創新之始──

瑞可利集團由零到一的發現，就是找出世間中存在的「否」，**創造潛在的需求和供給相交之處（市場白地），這樣的方程式基礎就是留心世間的「困擾之事」（pains）**。這個路徑的「否」，其實是無止境的存在。如果一味的分心於既有市場，常有漏看的可能性。

瑞可利集團裡，在零到一的階段中，有「New RING」之公司內部競賽的設計，RING

是recruit innovation group的簡稱。

公司上下有很多人自以爲是的提出新事業的企劃。此時首席領導者應確實親身參與，根據他獨到的眼光和經驗，判斷是否有成長至十及百的潛在可能性，並針對事業化的關鍵提出建議。

如前述的婚活網站「Zexy」、「Hot pepper」、「R25」等等，也是由這個流程而創造出來的，簡直是「閃亮之星誕生」的舞臺。

近來很多企業都會採用及納入這個創意競賽。如果就活動來說，可以規劃妥當的話，也能達成提升員工士氣的效果。

然而，透過這項競賽，創造出熱門商品以及有如全壘打般，大獲全勝的事業是少之又少的。瑞可利集團的企劃成功機率很高是値得自豪的，因爲他們有鍛鍊出**從零到一的識人眼光，且持有精準的一到十、再到百的規模化方程式**。

## 找出「勝利之路」

接下來從零到十的流程最重要的重點在於**找到「勝利之路」**。在前述所提到的著作中，杉田指出三個重點（順序由我另行修正）：

第一，收入模型的假設能進行詳細的描述。

第二，「價值KPI」，亦即找出與價值相連的特定行動和指標，以進行測量。

第三，「旋轉圖」，亦即高速轉動PDCA，驗證收益模式的假設和價值KPI。

這個其實就是「精實創業」的流程，瑞可利集團早在精實創業手段流傳之前，將透析勝利手段的方程式先內建於組織裡。

## ——**「模板書面化」**——

在最終階段的十到百時，目標放在「爆發性的擴大再生產」，而不只是一壘打，接下來與連打、全壘打相連的流程，這時有兩個結構列爲特別重點。

第一個結構就是**「模板書面化」。從一到十的流程所創造的智慧落實於「模板書面化」，由此可知隱性知識變成形式知識，超越組織一起來共享**。這是知識管理的基本技能，並非全部都從一開始就將智慧進行水平式的展開，藉以驅動「延伸化」的流程。

第二個是「**S型的積累**」，當一個創新形成S曲線，不知道哪一天會面臨需求飽和的狀態。然而，集結現場衆人的智慧，在前端發現至今爲止都沒有察覺到的需求時，可以啓動S曲線。

金融界說的衍生性金融商品（derivative），也是期權價格（option value）。藉此可望能達成更加垂直性的成長。

瑞可利集團是透過這種結構，實現接下來將談及的指數型成長，在日本的企業中這是很稀有的案例。

接下來，讓我們再次將目光轉向矽谷吧！那是非線性思維，也是當今二十一世紀的勝利模型。

[圖31]

**瑞可利集團事業發展手段**

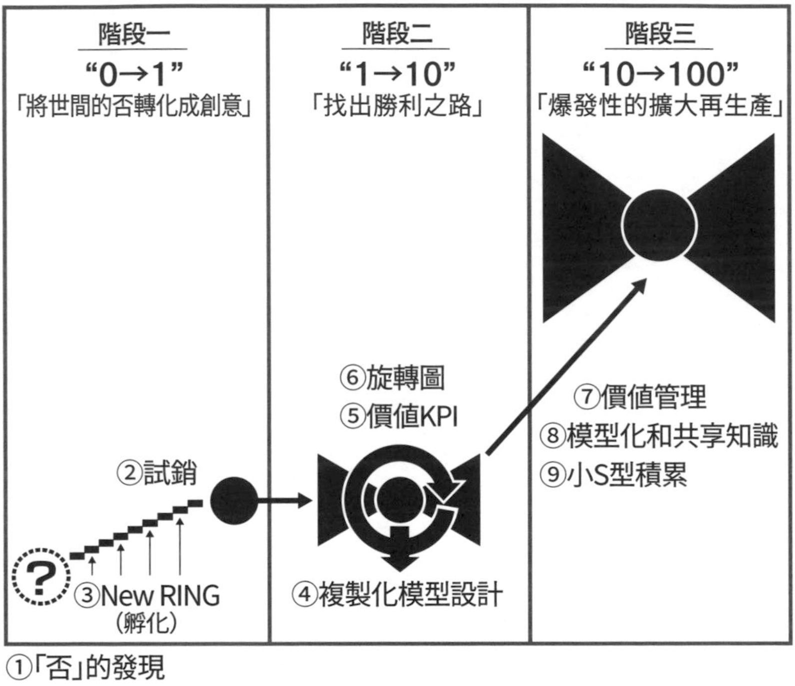


方法① 「否」的發現：找尋新事業起點的「否」。

方法② 試銷：探明發現的「否」是否可以進行商業化。

方法③ New RING(孵化)：支援將創意生成為事業。

方法④ 複製化模型設計：為獲得壓倒性勝利之模型設計。

方法⑤ 價值KPI：發現和找出勝利的行動和指標。

方法⑥ 旋轉圖：將PDS進行高速旋轉，找出勝利之路的手法。

方法⑦ 價值管理：基於發現之價值KPI，為擴充規模所需要的管理。

方法⑧ 模型化和知識共享：為實踐價值管理之行動，落實為「模板化」，以進行共享。

方法⑨ 小S型積累：將現場掌握到的「徵兆」吸收納入結構中。

**根據《瑞可利集團的超級創建力》一書製作如上**

# 奇點大學的教科書

關於「奇點」，如前面所述，就是指AI超越人類之技術性的特異點。

矽谷有「奇點大學」[89]，那裡傳授的是**「指數（函數）型成長企業」**（exponential organizations，**簡稱ExOs）的經營模式**。

二十世紀的企業爲線性成長。如果產出有二倍，產入也需要有二倍。而且根據邊際報酬遞減法則，產出增加的幅度會逐漸減損。

另一方面，二十一世紀的企業，描繪出指數型成長曲線（**圖32**）。

利用規模報酬遞增法則[90]，來擴大規模並提高速度。例如：稱作GAFA的谷歌、蘋果、臉書（Facebook）和亞馬遜，這些股價爲世界上前四高的公司。在進入二十一世紀，這四家

[圖32]

指數（函數）型（exponential）成長

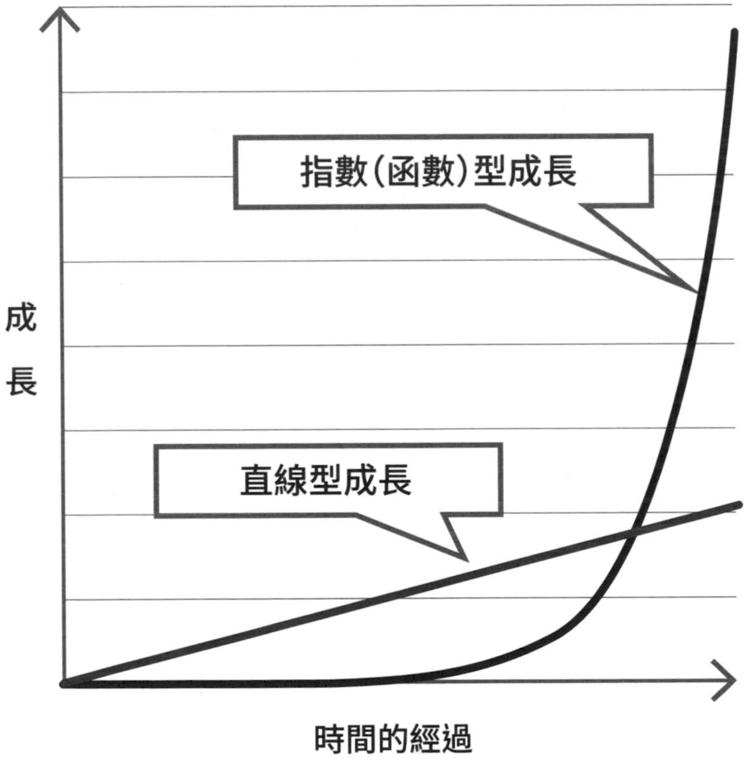


根據《美國奇點大學傳授之飛躍性方法》一書
製作而成

都達成指數型成長，因此命名爲ExOs。**如正宗哥吉拉**[91]**，吸取外部能量，實現超級成長的新世代企業群。**

奇點大學說明ExOs（指數型成長企業）有共通的特點，將其匯整爲「MTP＋SCALE IDEAS」的框架。

## 從登月計畫到火星計畫

看到這裡，ExOs（指數型成長企業）原本是作爲開端，持有MTP。而MTP是什麼，那就是宏大變革目標（massive transformative purpose）。總之，設立非常宏大、非連續性目標，可說是誇大狂妄的建議，與之前所介紹的MVP（最小可行性商品）十分的不一樣。

舉例來說在谷歌，每個計畫都是登月計畫，亦即以月球爲目標。最近特斯拉因針對火箭往火星發射的話題而有所觸發，開始發出「登火星計畫」（朝火星前進），之後也許會有「登冥王星計畫」。

在日本也是，尼得科的永守先生、軟銀的孫先生、迅銷公司的柳井先生，三人被稱爲吹牛三人組。其中永守先生被稱爲「即使會說大話，也不會說謊」。

[圖33]

## 指數型成長企業的要件

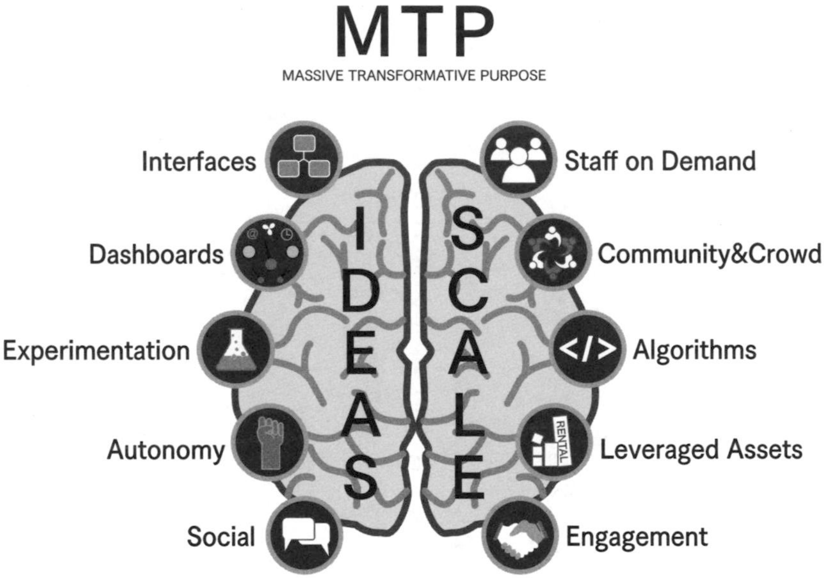


根據《美國奇點大學傳授之飛躍性方法》一書
製作而成

不管如何，考量到沒有常識是很嚴重的事情，不這麼做的話，優秀的人才就不會靠近。如果規模變大了，企業持續追求滿意度的話，沒多久就會陷入大企業的病兆中，一兆日圓變成十兆日圓，然後變成一百兆日圓，持續揭示非連續性的目標。這麼一來，應該沒有陷入「創新者的兩難」的餘裕，就是如此。

## IDEAS變成SCALE

追求指數型成長時，再加上MTP，需要十個的結構設計。適用外部的結構有五個，稱爲SCALE；適用內部的結構有五個，稱爲IDEAS。合稱爲「SCALE IDEAS」，亦即將「IDEAS規模化」：

SCALE的S代表「staff on demand」：視必要而定，從外部招募人才。

C代表「community & crowd」：亦即與外部的社群及團體進行廣泛的合作。

A代表「algorithms」：也就是爲了和合作夥伴建立起雙贏關係，實現非連續性的成長，而琢磨的方法論。

L代表「leveraged assets」：也就是有效利用其他公司的資源。

E代表「engagement」：也就是讓周遭變成如此的氛圍。

具備這五項，就能巧妙的納入外部資源擴大規模。

而另一方面，巧妙整合內部和外部資源，打造出創新的機制，這就是IDEAS：

I代表「interfaces」：也就是拆解部門之間築起的高牆。
D代表「dashboards」：也就是讓KPI一目了然的儀表板。
E代表「experimentation」：也就是實驗。
A代表「autonomy」：也就是自律經營。
S代表「social（technologies）」：也就是SNS的全面活用。

根據這五個結構，**從LEAN開始，爲追求規模提升而創建組織**。

這就是矽谷式的非連續性成長的方程式。然而如果是創投企業的話，對於日本既有企業來說，到底有多少的參考價值呢？

## 導入ExOs（指數型成長企業）亮點

在奇點大學中，至少有以下四個策略是有效的。

第一，經營者本身應充分理解二十一世紀型的指數（函數）型成長模型的存在。企業之間的競爭是相對成果相互較勁的遊戲，即使有「打算持續做下去」，但只要在線性成長範圍內，沒多久就出現ExOs（指數型成長企業）的差距。在美國，傳統的零售商龍頭企業都在步上亞馬遜的後塵，陸陸續續走入窮途末路，明日就換成日本的企業。

第二，摸索與ExOs企業合作的機會，雖然把自家公司轉型爲ExOs企業的門檻難度高。首先，先和這樣的企業合作，著手學習。

日本大企業的企業創投[92]（CVC）如雨後春筍般的冒出。然而這些幾乎全部都是窺探機會，仔細觀察這些企業的實態，都沒有步入學習的循環之中。在出資之前，先透過事業合作，知悉對手爲何是很重要的。

第三，ExOs的經營應從「edge」試行，指的就是周邊或邊緣。

我在麥肯錫的戰友，也就是《網路商機》（*Net Gain*，臉譜於一九九八年出版繁中版）的作者約翰．海格（John Hagel），現在任教於奇點大學、擔任「Center for the Edge」這間研究機關的聯席總裁。他是二十一世紀的「黑格爾派哲學家」（爲模仿信奉十九世紀初哲學學者黑格爾的黑格爾學派），他倡導既有企業應著手於從邊緣出發的創新。

「動搖」從周邊開始發生，主體的中樞可以守護本業，基本上拒絕破壞性的模式。建議可以致力於海外分公司和子公司等小型實驗性的試行。

接下來，第四點將這十個結構當中的一部分，納入試驗性計畫，因其進入門檻相對較低，相當於SCALE中的「社群」(community)、「演算法」(algorithms)，以及IDEAS當中的「儀表板」(dashboards)、「實驗」(experimentation)、「社群科技」(social technologies) 的五個。只要納入這五項，就能體會到新的動向和節奏感，而這就是通往ExOs的捷徑。

# 學習優勢的管理

前面章節對於ExOs的介紹，您覺得如何呢？矽谷流的指數型成長企業，由於太過於與衆不同，會令人疲於應付，頭昏眼花。在此介紹我認爲符合日本企業特質適用的管理模式，進而編寫出本章的內容。

先前曾提及，二〇一〇年我出版了《學習優勢的經營》。波特所代表的**「競爭優勢」策略論已經年代久遠，「學習優勢」才是這個時代的關鍵**。

到二十世紀後半期爲止，商業競爭的規則明確，的確容易建立競爭優勢。

然而，舉例來說，當原本競爭的規則完全轉變時，這樣的線性發想在生存上會有危機。

如果以奧運爲例，就好比馬拉松選手突然要競走一百公尺一樣，在相同的遊戲規則中，以競爭優勢來進行相互競爭的時代已不復存在。

重要的是新的遊戲規則下的學習能力。

學習優勢就是近似於方才所描述的試行學習，**也許會失敗，但先嘗試看看。這樣的試行能學多少呢？能深入到什麼程度呢？這將成爲決定成敗的關鍵。因此學習能力才是與優勢有所連結**，所以才有如此的發想。

當看不見未來時，要如何做才好呢？例如：不知道山的另一頭有什麼時，要怎麼辦才好呢？試著登山看看會是最好的決定。如果可以登到山頂，也能看到對面的風景

也就是說，**只要採取行動，就能理解原本不能理解的事情。以英文來說就是從「unfamiliar」變成「familiar」，將unfamiliar的un拿掉，變成familiar，也就是說變成自己很熟稔的事情**。

法國存在主義哲學家尚—保羅．沙特[93]主張，「計畫」[94]和「參與策劃」[95]才是開拓未來的唯一行動原理。在這無法預知未來的非線性時代裡，自己主動的接觸世界。透過選擇，「熟悉度優勢」，也就是說，獲得學習優勢，才是生存下來的唯一手段。

在自己熟悉的地方裹足不前，會被這競爭激烈、千變萬化的時代所淘汰。雖說如此，人們往往在不熟悉的環境裡，對於要怎麼戰勝困境而感到不知所措。相對於出發去新的地方，大家會徘徊不定、裹足不前，因此能否下定決心勇往直前生存下來，攸關學習能力。

學會游泳的第一步在於將學習者先推下水，一般來說不會溺水，人們一定會想方設法爬上岸。持續這麼做，哪天就學會游泳。和這個道理相同，最初人們會感到痛苦，而累積的經驗，終會成爲下一個優勢的起點。

即使具備學習能力的個人和企業，也會在同一個地方停滯，漸漸學習成效到達了極限，而其學習能力也變得劣質化。爲了能夠持續成長，**有必要在新的領域中持續學習**。不管是對誰來說，只要踏入未知的領域，先進入的熟稔者就是勝利組。

因此**並非持續性的學習才是王道，而是訴求「跳脫學習」**。雖然這麼說，也不是指什麼都不學習，這樣一來會變成反覆進行試行錯誤，卻沒有記取教訓。**請不要停滯在同一處學習，應該取而代之，「移動」學習的場所**。這個「移動」才是關鍵之所在。

只要能移動學習的場所，就能開始描繪出新的學習曲線。這樣**就可以不斷收穫新的能力，這就是實現次世代成長的學習能力**。

**只要經常挑戰新事物，就是在這個非線性時代裡最好的優勢。**

在這樣的時代裡，事實上也是顧問受難的時代。就是在面臨解決問題時，不只是紙上談兵，必須實際去體驗看看。從那裡可以學習到新事物，可以創造新的優勢。如果只是勸客戶「來吧！投入看看！」而顧問本身卻不投入的話，已經是落後時代的腳步了。

**在當今的世界裡，訴求的不只是提供建議的顧問，而是需要一同並進的顧問，或是在旁助跑、陪跑的顧問。**然而，如果沒有持有反覆進行跳脫學習和全新學習的能力，即使想要跟客戶一同並進，但做得太差勁的話，客戶很有可能拋下你不管先行離去。如果沒有超越客戶，不透過展開行動以獲得持續學習的技能，這樣的顧問在二十一世紀裡根本是無法生存下去的。

## 本章重點整理

・不問既有的結構和傳統的思考方式，持續重新構築新的價值和意義，這是符合今後無法預測未來的非線性時代（VUCA世界）的新思維方式。

・解構是指一枝獨秀（深入化）、移動得以發揮強項的領域（延伸化），以及突然變異以新市場領域爲目標（全新化）的三個方向。由於全新化沒有創造出強項，成功機率低，因此將目標放在深入化和延伸化即可。

・在這未來不可預測的時代，制定詳細計畫本身已失去了意義。PDCA如果愈按照計畫切實的實施，愈有可能跟不上時代的腳步。對於制定計畫不投入過多時間，先實踐再針對問卷調查進行反應，以利「試行學習」。

・二十一世紀型的企業以指數（函數）型成長曲線爲目標，這些企業共同持有宏大變革目標（MTP），將外部資源合理導入，持有打造創新的機制（SCALE IDEAS）。

### 本章重點整理

・比起波特所描述的競爭優勢的策略理論，挑戰新事物、從中獲得許多新啟發的學習能力，才是實現次世代成長的關鍵。

# 第三部

# 以顧問為目標，超越顧問

在本書接近尾聲時，從前面到這裡所提及的是問題解決的手法，包括以專業策略型顧問最高峰之姿的麥肯錫和波士頓顧問公司的手法，以及我自身的經驗。筆者想要傳達的是這些手法優勢及它們的極限在哪裡。此外，對於這個時代的問題解決課題，以及對於顧問所訴求的能力也散見在各個章節。

我想會閱讀本書的讀者所持的理由有很多，大致上應符合以下三個類別吧！以在本書中學習的內容爲基礎，期望達成以下的目的：

- 成爲顧問。
- 超越顧問。
- 將問題解決手法運用於世間課題的解決上。

爲因應以上各項目的，以下依序來談談實際執行的方法論爲何。

# 第十三章

# 給立志成為顧問的你

# 錄取顧問的三項條件

想以顧問身分就職於顧問公司的人們不在少數的。怎樣的人會被錄用呢？徵求條件呢？在此特別以我在負責招募人才時所開出的條件爲例，進行說明吧！這是日本全國首次公開。

我在擔任面試官時，剛好是二〇〇〇年左右，與Oisix Ra Daichi的高島先生、Field Managment Strategy的並木先生、氣仙沼針織（Kesennuma Knitting）的御手洗小姐等，目前在業界大展身手的獨特人才相遇的那一年。

而錄用標準列示如下：

**左腦（邏輯性思考）**

**右腦（模式識別；圖形識別）**

**形成性經驗（formative experience）（求知的好奇心）**

一般左腦是掌管邏輯性思考，右腦是直覺性、藝術性創意[96]的部分。

關於第一個條件：使用「左腦」思考，一般以顧問一職爲目標的人大概都很擅長於此，即使原本不擅長，經過面試，也多半變得擅長。這是可以經過練習而精進的能力，也就是說，邏輯性思考可以透過拼命練習，養成邏輯性說話方式，都會有及格的技能。

與此相比，第二個條件的「右腦」，要鍛鍊是有困難的，如創意、邏輯性思考等，並非以訓練就能學會。

話說如此，並非什麼都不能做，練習以想像和「模式」來理解事物，左腦以公式進行理解的狀態，而右腦則以模式加以理解。「這與過去的案例類似」，用聯想加以理解事物，與所謂ＡＩ的深度學習爲相同的學習要領。

實際解決問題時，爲了與案例對照，有必要將過去的經驗和幾個模式納入考量。

在第一部當中所描述的，「只要認知有三千種模式就已足夠」，這是麥肯錫東京分公司前任總經理橫山貞德先生說的話，雖然說已經足夠了，但也有三千種模式這麼多。

橫山先生長年擔任董事時，一個月接觸的案例約十個。單純計算的話，如果一年有一百二十個模式，若要累積三千個模式，總共需要花二十五年，還必須幾乎完全沒有相同的案例。

只是我們也了解到，要把這些模式留存在腦海中，並不是容易的事。

不用等到二十五年後，自己在進行判斷時，光是在大腦中就有幾個問題解決的雛形，就能改變很多。實際上，純粹只有創造力的人真的很少。然而，如果存在一些可以依賴的模式，這些模式就是決策的基礎。

舉例來說，自己的專業是化學，可以說自己了解化學的知識。化學的實驗中有各式各樣的試行錯誤，發現會出現幾次這個模式，你也會把它列爲心中的模式列表之一。

同樣，對於歷史、自然科學和藝術都可以如法炮製。**從日常生活中意識到問題，在心中好好記住幾個思考模式，然後再試試看，就形成一種素養，成爲當事人才會具備的博雅教育(liberal arts)。**

最後的錄用條件是「求知的好奇心」，常問「什麼？什麼？」**對任何事情都有好奇心。所以一直問：「爲什麼？爲何？」直到對於答案心服口服爲止。**

## 成為自我價值觀之「形成性經驗」

以上三點用一句話總結就是，那個人在人生中會產生怎麼樣的影響呢？不能光以外表來推斷，一個人活著充滿好奇心，我認爲這才是顧問應有的條件。

持有這樣條件的人的共通點是什麼呢？考量至此，**發現就是是否有過形成性經驗這件事**，也就是說自己是否能客觀省視自己，或是自己是誰，對於這樣的事進行深切的內省。有經驗的人和有形成性經驗的人，今後應該會優先錄取。

如您所見，在海外長期生活的人們，具有形成性經驗的人不勝枚舉。在生活中覺得自己不是本國公民的意識一直很強烈，會不斷詢問身爲日本人的根源，參加NPO的人也是如此，親眼見到很多悲慘的事件。對於從小到大理所當然的富足本質，也會不斷感到懷疑和質問的經驗，事實上這些都是很重要的。

就並木先生來說，他是海外歸國子女，原本住在美國的西海岸，而御手洗小姐於學生時代參加過海外援助活動，有這般經驗的人果然是有很強大的生命力。

無論歸國子女和NPO，人們在十幾歲時，會深思自己到底是誰，也有人因此一直關在家裡不出門，那多半是頭腦太聰明的人。有如此經驗的人們，比起沒有任何疑問，就一味去參加考試的學生來說，更有可能成爲諮詢顧問，**因爲求知的好奇心的原點就是「我是誰？」「對方是誰？」不光憑表面而進行思考**的這件事是很重要的。

在《百歲人生：長壽時代的生活和工作》當中，作者格拉頓非常看重的一個特質，就是曾有置身於民族大熔爐的經驗。親眼見到無法想像的悲慘事件，或是自身曾遭遇過無法忍受的悲慘狀況的人。

有過身處民族大熔爐經驗的人和沒有過那種經驗的人，視野是完全不同的，這也正是我原本所說的形成性經驗。在此我建議大家在就職之前，可以尋求這種形成性經驗，進行幾年的自我放逐旅行。

反之，當然也有絕不錄用的標準存在。

最近所謂的「顧問狂」，專門進行邏輯性思考，理所當然的只採用一種模式進行談話，這一定會被我們優先排除於錄用對象之外。

以同樣的理由來看，畢業於法學院的人也不太適合，因爲法學院的人會決定自己的規則，學習符合規則的事物。因此遵守秩序的發想，也容易變成權威主義。然而這和對於顧問訴求的條件——就是要對秩序和規則的拆解——正好相反。因此法學院出身的人，對於根本的法理學和法律以外的學習，能做得很完整透徹的人基本上是很不常見的。

倒不如說，看起來不像顧問的人比較容易被錄用，工科、文科則很受歡迎，但商學院和經濟學系的人卻不怎麼會被錄取。

順道一提，雖說如此，但其實我個人也是法學院出身的，就職出路很狹窄，大前先生當初在麥肯錫面試我時也曾同情過我：「東大法學部、哈佛商學院、三菱商事，這怎麼回事？你集合三個成爲一流顧問之三大最爲鄙棄的條件，眞可謂是三重苦。」不過我是在法學院中完全不讀法律的吊車尾學生，當下有稍微被救贖的心情。

和剛才所說的三項錄取條件不同，以下是成爲好的顧問的要件。

第一個是不拘泥於常識，有獨立思考的能力。

第二個是對於和自己遭遇完全不同的人，能模擬對方的立場，能察知對方的心情。

還有第三個不是機器人這件事。有血有淚的人才有吸引力。這與剛才的形成性經驗也有關係，就是**有自我的風格，身爲人能培養自身的魅力**才是成爲顧問的捷徑。

並不是只當同情對方的「好人」，身爲顧問的要件是，同情對方的同時，還要思考「如果自己站在對方立場的話，要如何解決問題呢？」必須是由上述的視角來進行深度思考的人才可以。最後以自己的思想中心軸來進行判斷。

讀者們是否回想起在第十章當中，對於ＩＱ、ＥＱ、ＪＱ三個特質（素質）的介紹。爲了成爲出色的顧問，除了ＩＱ和ＥＱ是必要的條件外，還要具備ＪＱ，才是滿足身爲一個顧問應有的要求。

## 本章重點整理

・成爲顧問的條件：「左腦」（邏輯性思考）、「右腦」（模式識別）、「形成性經驗」（求知的好奇心）。

・只看表面無法看得透澈，抱有好奇心，生存下去是成爲顧問的重要條件，另外還需要有過置身大熔爐體驗的形成性經驗。

・爲了成爲一個傑出的顧問，除了IQ和EQ爲必要的條件外，還要具備JQ這項特質，才能滿足成爲一名顧問的需求。

# 第十四章

# 給想要超越顧問的你

上一章針對有意就職於顧問公司的人，闡述了關於今後的時代顧問所需的特質。在本章中，更是以鍛鍊自身的特質，以成爲一個超越顧問疆界的商務人士的方針來進行說明。

首先，就是關於商務人士的基本能力。

我認爲可以分爲三大類：

亦即：**❶洞察力**；**❷共感力**；**❸人際溝通能力**。

事實上，這是我在參加企業幹部研修時，針對參加者的發表進行評分時的參考標準。提出建言的內容如何、能否作出引起聽衆共鳴的發表、這人的眞實面貌是否是一個人際溝通能力很傑出的人呢？這些都以三個I、三個S，以及三個P，共九個觀點來進行檢驗，然後進行綜合評分，以滿分爲十分的標準進行檢查。

掌握這些觀點，不只是發表能力，也與身爲商務人士是否能全面成長有關。關於各項，將於以下依序進行說明。

# 鍛鍊洞察力

首先，是關於洞察力，由三個I組成：

❶ **衝擊力（impactful）：對於企業來說，最重要的是有明察秋毫的觀察力。**
❷ **創新力（innovative）：超越目前（超越常識）的能力。**
❸ **執行力（implementable）：實踐力。**

❶的衝擊力，對企業來說是很重要的一件事，也就是對於公司的底線是否有所衝擊呢？所謂底線一般是指利益，在近年的三重底線永續經營原則上，如前所述，除了利益之外，對於社會和環境造成的衝擊也應包括在內。

還有❷是指是否是創新的，而❸是指是否能實行。

一般來說，同時滿足三個要點是很困難的，特別是後二項：創新力和執行力之間似乎存在權衡取捨的關係。因爲如果可以稀鬆平常的執行完畢就是平庸之事，而創新在實行上是不容易的（如果那麼容易實行的話，大家早就都做了不是嗎）？

正因爲如此，超越權衡取捨，以追求三個I爲目標，這是完美解決問題時的重要關鍵。

這不是理所當然的，但是大家都沒注意到。即使看起來執行有困難，還是能看見實行的頭緒在哪，必須把它找出來。

# 培養共感力的三個S

❹ **簡潔的**（simple）。
❺ **勁爆的**（spicy）。
❻ **有故事性的**（story）。

這三個S也就是關於簡報類型的評價標準，即使內容很充實，如果無法好好的傳達，就無法打動人心。如果很多事情攪在一塊反覆的碎碎唸，沒有人會聽得進去，更不會引起對方的共感。

能夠引發共感的訊息是簡潔有力和勁爆的內容，也就是犀利和潑辣的說法，以及有故事性。

這裡所說的故事性，是指有起承轉合，或是令人感到很緊張刺激的情節，亦或者有意外性的結構。總之聆聽時感覺時間過得很快，如此引人入勝的高潮迭起和戲劇性。

## 提升人際溝通能力的三個P

**❼觀點（perspective）：看事情的角度，是否有自我風格的中心思想。**
**❽性格（personality）：是否感受到對方的人格、人品、EQ和JQ。**
**❾熱情（passion）：熱衷和認真程度是否有到位。**

除了內容、表達，還有一個是什麼呢？「向內的人際溝通能力」。表面上也許可看見洞察力和表達能力的重要性，但是最後打動人心的，在顧問的世界裡，依然是人際溝通能力，因此舉出三個P的重點。

所謂觀點，即是否有自我的中心思想，關於此，於前述第十三章中也談論過。無論什麼種類都可以，身爲科學家的中心思想、歷史學家的中心思想、藝術家的中心思想都可以，持有自我中心思想的人很強大。

還有關於性格，是否有流露出人格、人品、人際溝通能力，可說是最接近EQ和IQ的特質吧！

此外，還有熱情，在進行諮詢時都以邏輯性思考來進行分析，提出解決方法。但最後還是取決於熱情、熱衷，那樣的熱情可以持續多久。

事實上，對於聽簡報的人來說，對簡報內容不會留下太深刻的印象。當然就故事而言，如果三分鐘或五分鐘的故事很有趣的話，心裡會留下印象。然而，最後留下的印象是：「那個人說的到底有多少是眞的呢？」這樣的眞實程度才會打動人心。

關於熱情，有一個有趣的插曲可以跟讀者分享，這大約是二十年前的事。

佳能公司（Canon）研究專職出身的御手洗肇先生還是總經理的時候，有很多有趣的創新性產品多數是原自於這個創造的時期，當時有媒體採訪他們，想得知那個祕訣是什麼，問御手洗先生創新誕生的理由。

「您身爲 R&D 出身的首席，技術的判斷能力非常優越！」在我說了這句話之後，總經理給了意外的答案。

「大部分的案件都不是我自己的專業，因此對簡報的內容幾乎都不太了解，只知道這大概是技術專業人員的用語。對於門外漢來說，眞的完全不知所云。因此下屬在作簡報時，與其聽他們說話，不如盯著對方的眼睛。如果看到他們淚眼汪汪的樣子，代表他們是認眞想做這件事，我就會表示同意。」

跟佳能公司其他人說了這段話以後，沒想到之後，他們在做簡報之前，都一定會先點眼藥水，這後來變成一種流行。

總而言之，熱情是最後一個重要關卡。而簡報內容、姿態、手勢和故事，果然最後是靠熱情在支撐的。簡報是否能成功，也大大左右了事業的命運。

除了這裡介紹的洞察力、共感力（同理心）、人際溝通能力的九個指標之外，當然也有很重要的事情。然而，不只是顧問，如果是成功又精明幹練的經營者和創投的創業家的話，在這些方面大多數都很出衆。因此對考量自我成長的讀者來說，這應該也是很關鍵的重點。還有值得令人高興的是，這些都是可以經過某種程度的鍛鍊來養成的。

# 訴求機緣巧合

剛才列舉的九個指標，就某種程度來說，只要能多加磨練就能習得那些技能。而關於本章節所介紹的機緣巧合[97]，也許就有點困難。也就是說，沒有預想和沒有計畫，是偶然的相遇，因爲是預想不到的事情，所以也沒有計畫。

但我非常珍惜這種機緣。即使按照預定的時間表計畫某件事，最終也不會產生任何有趣的結果。如果你想嘗試一些眞正新鮮的東西，意外的邂逅和機緣是絕對必要的。

如果沒有偶然性的話，最後都往相同的方向前進，例如：亞馬遜的推薦功能，曾經購買過經營管理書籍一次，之後就一直被推薦那些管理類書籍。只要你搜尋過一次，就一定會再被介紹個五、六本書。

因此變成因爲有興趣而購入一堆書放在書桌上，明明從前自己會看很多各種雜七雜八的書，現在都沉溺在經營管理書籍當中。拜此所賜，不知從何時起，想法也變得偏頗不中立。

不過，現在這稱爲「個人化」，被規制爲「你就是這樣的人」的時代。如此一來，都接收偏向自己嗜好的資訊，關於這個領域也許自己理解的程度會愈來愈深，但是廣度就不夠了。

在第二部當中，對於知識和人才方面，我介紹了目前追求的是「T型T人才」到「π型人才」。然而，連T字上面的一橫都不見了，只剩下長釘，變成I字型人類。

**在這變化多端的非連續時代裡，如果我們不留心傾聽那些與我們切身利益不同的事物，我們看待事物的視角就會變得極其狹隘。**

我們必須有意識的抵抗那些試圖將我們拉向自身切身利益的力量。如果你心不在焉，你就會在不知不覺中，會變成「即使有深度，也沒有廣度」的人。在某種意義上，這是很辛苦的時代。

正是因爲這樣，**經常意識到擴展自己的關注視野，同時與自己的好球帶 (straight zone) 不同的東西，更是不容錯過**，中途停留下來看看也無妨。即使我被邀請參加一個我不感興趣的主題或聚會，我還是會去。總之讓自己嘗試先去看看。只有這樣，才能收穫意外的相遇，才有偶然的相逢。

在這大數據和ＡＩ的時代，以及個人化的科技進化下，機緣巧合就是訴求對於偶然相遇的靈敏度，總是先從自己的優先考量事項來看，對於稍微不同之事物的靈敏度會受到考驗。

## 游牧民族型人生的推薦

游牧民族型的人生就是指像游牧人民那樣居無定所。

在麥肯錫，顧問可分為「農夫和獵人」兩種類型。農夫是在同樣的地方拼命的挖掘，獵人則是追著有趣的東西跑，到哪裡都可追著去。

然而，對游牧民族來說，兩者都不是，因爲不是定居，所以他們是追著獵物跑。無論哪裡都姑且一試，但事實的眞相並非如此。游牧民族出門到某個地方，在那裡會留下自己的足跡，然後再往下一個目的地出發。

而《男人眞命苦》裡的寅次郎的故事[98]，就是游牧民族型人生最高端的生存方式。

游牧民族型的生存方式就兩個意義來說，是很有趣的。一個是定期的過團體生活，在團體生活中，加深對彼此的理解，也會留下自己的足跡。由於在團體中行動，在某種程度上將周遭加以活化。

還有一個意義是，在如此的環境下，特意的選擇分離，並前往下一個目的地出發。下次在新的旅行目的地，又以相同的形式受到新文化的熏陶。

亦即，所謂游牧民族型的人生，是指**將自己特有的長處漸漸移植到新停留的地方，自己也從中發現新的長處，繞一圈變強大後，再往下一個目標前進，這就是人生**。

所以那是百歲人生時代裡必要的生存方式，《百歲人生：長壽時代的生活和工作》中也出現過「五回合的人生」的內容。如果活了一百歲，就是活了五輪的人生。如同「大變革轉型」一樣，如果沒有改變自己的力量，那麼人們容易在同一個地方落地生根。考慮到將來，勞動市場的流動化確實會發生。此時，重要的是，應採行游牧民族的生存方式。

不是鼓勵別人成爲超級菁英的意思，而是請大家思考自己接下來想做什麼，就是創造自己接下來的人生，做自我投資這件事。在這個百歲人生的時代裡，一生不是只在一家公司上班，這件事從一開始就應該意識到。

特別是作者取名爲YAHOOS所代表的世代，也就是young adult holding options的讀者，要有意識的思考自己的職涯規劃。在這十年、二十年內，想獲得什麼。有鑑於此，希望能預測接下來發展的可能性。

順帶一提，所謂young qdult holding options就是「青年人擁有選擇」的意思，option就是接下來發展的可能性。就世代而言，與一九八〇至二〇〇〇年的千禧世代重疊，不是只有年齡，也還包括對人生擁有的價値觀，故此命名。

舉例來說，大學畢業後，沒有立即就業，爲了找尋自我，去世界各地旅行。即使就業，也只是想試試看自己想做什麼。說實在的，這種情況在顧問身上常常看到。在一、二年內，選擇適合自己的東西及適合自己的生存方式，再前往下一站，也就是說他們會辭去原來的工作。

總之，**不把自己框入框架中，讓自己陷入困境，在「生活」作出貢獻，自己也從「生**

**活」學習吸收，然後考慮下一個發展方向**。過去曾被稱爲晚熟的青年[99]的生存方式，在這個人們能活到一百歲的時代，以游牧民族的生存方式存留下來，或許正受到人們的注目。

## 在看之前先跳

日本人被稱爲島國民族，那是鎖國狀態下的江戶時代之後的故事，從前的日本人是海洋民族，但身爲海洋民族的日本人，搭船前往菲律賓呂宋島，然後再前往越南和柬埔寨，因此這些地區中留有日本人的墳墓。這是在鎖國政策下，無法回到日本的人們留在當地生活的證據。

閱讀當地的資料可得知，他們受到當地人的接納，被人們所尊敬。由於日本人的稻作及工藝等知識傳承於當地，受到人們的尊敬，他們也十分融入當地的生活。

這和中國人的中國城在本質上不同，正如上述的游牧民族，雖是移民過去，但在當地好好的定居扎根，把自身的優點和當地的優點混合起來。這種混合力是日本人獨有的力量，日本人是和洋折衷與和魂洋才等，具有將所有時代裡的好東西巧妙的導入，變成自己東西的力量。

如果有這樣一種融合和協調的力量，那麼在同一個地方同質化就沒有任何好處了。**經常接觸異質性的東西，進行與異質性之物進行同化**的流程，這就是日本人的優點，也是筆者推薦游牧民族型人生的理由。

然而，在此一邊與異質性東西進行同化，一邊能持續保有自我風格是很重要的。也就是第二部裡提及的ＪＱ——保有自我的價值觀。

**一邊保有自我的價值觀，一邊擷取對手的優點，創造新混合體。只要有這樣的力量，去到新的場所也能創造新價值**。

我很喜歡的一個詞是ＬＥＡＰ，所謂ＬＥＡＰ就是跳躍，不害怕風險的跳躍。

大江健三郎[100]的早期代表作《看之前跳吧！》（暫譯）是個短篇小說，正是鼓勵人們進行ＬＥＡＰ。**不是先看再跳，而是先跳了才能看見，才可以發現新事物**。

就方才提及的存在主義概念來說，就是投企[101]（籌劃），我們人類都在奔赴現實，持續追求自我可能性的存在。

在我之前出版的《LEAP新商業模式：全球頂尖企業實現量子跳躍式成長的法則》（商周出版於二〇一七年出版繁中版）中，以LEAP這四個字將二十一世紀成長企業的共通特性企業經營，從策略論、組織論、生命論、哲學論的視角進行分析，解讀各個靜態和動態的要件之特質（**圖34**）。

亦即：

- 表示商業模式要件的L（lean & leverage）。
- 表示組織實力要件的E（edge & extension）。
- 表示支援組織力之企業DNA要件的A（addictive & adaptive）。
- 表示抱負的部分的P（purpose & pivot）。

都是由英文字首字母構成。

也就是對持續性成長的社會來說，這些是必要的條件，適用於LEAP這樣的框架。

其中，最重要的要件是LEAP的P，purpose & pivot。purpose指的是原本要做什麼的志向和自我的價值觀，pivot是跨出一大步。

在二十一世紀這個持續大幅度成長的世界裡的龍頭企業，**會好好的掌握自身的主軸，不會害怕大步踏出**，而這正是游牧民族的哲學。

即使在人生中的方針也應是如此。

一邊抱持自我的價值觀，一邊體驗新的經驗，如此一來更能提升自己。就辨證法的說法就是揚棄（請參照第三二三頁）。

進行ＬＥＡＰ才能在非連續的時代下驅動自我的生成。

[圖34]

## LEAP 成長企業的架構

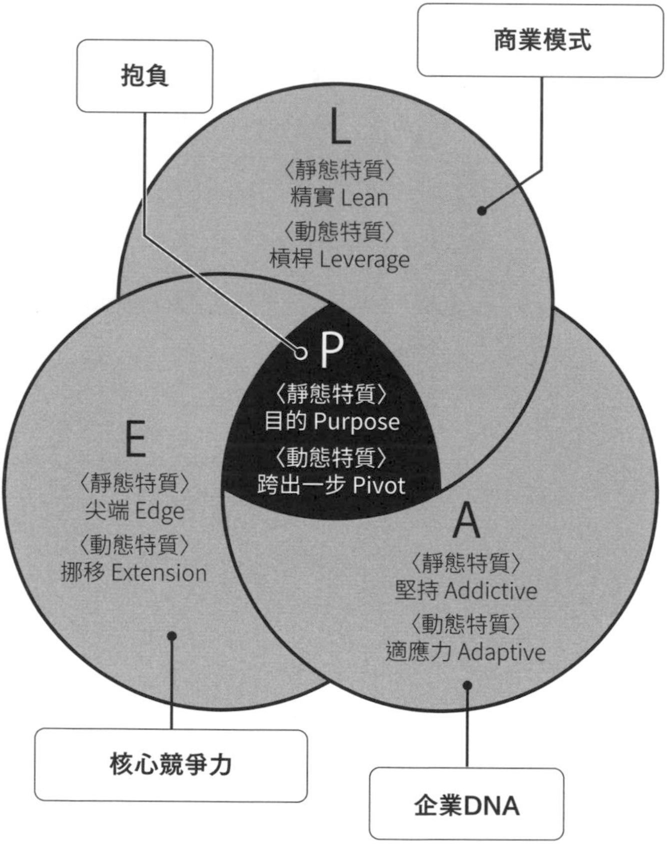

# 突破「成長的極限」

在實現自我成長時應該考慮的是「成長的極限」。

「努力累積能力、工作和學習，已經沒有其他餘力去做別的事了」，應該很多人會這麼想吧！被人們大聲疾呼的「工作模式的改革」，這種想法也愈來愈普遍。

然而，在同樣時間內出具的產出，因人而異，品質與數量也有所不同都是事實。多數與「工作模式的改革」一併而論的是「生產力」問題。

那麼決定個人能力的極限是什麼呢？

爲何依人而異，極限值也會有所不同呢？

成長的極限在於自身，個人的技能可透過加強練習才能（亦即潛在能力）加以提升。**問**

**題是沒足夠的能力來訓練自己**。這是個人成長的極限。

那麼才能要如何加強練習呢？

三個重點如下：

1. **投入時間的規定。**
2. **投入任務的篩選。**
3. **生產力的提升。**

也就是說，這是自己對自己工作模式的改革方式，若能想像具體的業務，就更能當作是自己的事來進行。

### 1. 投入時間的規定

首先，**第一個是規定工作可用的時間**，不必工作到最後一分一秒，例如：一週工作並非五天，而是一週工作四日，劃分時間。還有根據谷歌的八二法則[102]，利用八〇%的時間把工作做完，從一開始就計畫自己的時間，不要耗盡到最後一分一秒。

## 2. 投入任務的篩選

接下來重要的是，按照任務的優先順序做處理，並非依照工作進來的順序。而是**以有衝擊性，還有活用自己能力的工作來優先處理**。

在問題解決的要領上，使用矩陣編制任務，橫軸是業務的衝擊性，縱軸是技能的獨特性，如**圖35**所示。

這個也是應聚焦的地方，亦即「東北」——右上角，然後明顯應切割的是左下角。進行時間分析時，左下角的業務，至少要投注二〇至三〇％時間的例子很多。

反之，如右上角的創造性事物上耗費時間不到一〇％，這份工作的生產力也低落。舉例來說，由於花了很多時間開會，於是摒棄沒有產出的會議或在線上共享狀況就能夠完成的會議，因此生產力也能達到飛躍性的成長。

在此介紹有趣的案例，這是派駐在瑞士的JT國際事務所的JT董事所分享的案例，他說召開會議時要全力以赴！

派駐開會時，會議主辦方負有必須仔細報告以下三項的義務：「會議的目的」、「決議事項」、「結果產生怎樣的結論」。

[圖35]
生產力提升之工作篩選法

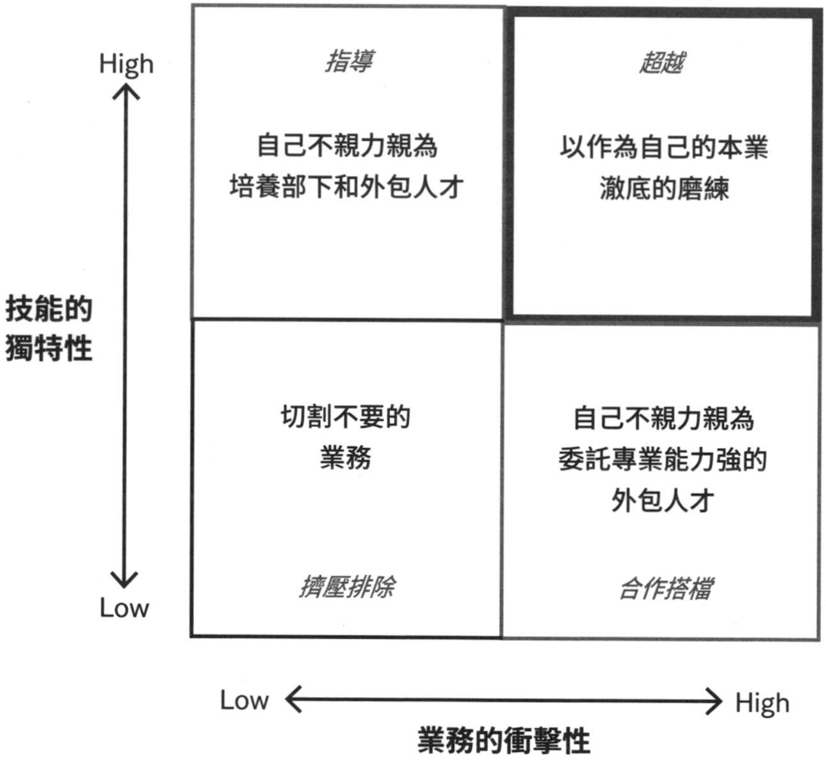

若沒有出具這三項，原本就不能開會。對於嚴格遵守八小時上班時間的歐洲人來說，沒有產出的會議、如流水帳般報告的會議，都是罪行。「到底把我的寶貴時間當成什麼」。

順帶一提，回日本以後，在JT導入這樣的結構，原本很像區公所一樣，會議很多的JT，效果超群。因爲開會只能全力以赴，因此省去很多會議的時間。

從另一方面來看，按照矩陣的慣例而言，對於左上角和右下角的應對處置法，用一般的方法是行不通的，顯得有些顧此失彼。魚與熊掌是不可兼得的，因爲變成二律背反，而左右爲難。

讓我們來看看左上角，由於可以發揮自己的技能專長，所以都變成自己處理作業。然而，在這裡努力的忍耐，不讓自己出手，而託付給其他成員，然後對於技能的提升加以支援。雖全都攬下來自己做，但這樣只會讓自己陷入瓶頸。

另外，讓我們來看看右下角。這裡衝擊性大，所以還是由自己納入。然而，著眼於自己原本的技能無法發揮之處，與其討論生產力，不如檢討產出的品質可能無法維持，所以在這裡毅然決然的委由外部高度專業的合作者。不過，不是永無止境的委託，而是有必要做出從外部合作者那裡習得技巧並納入自己技能（右上角）的努力。

這裡重要的判斷主軸爲「技能的獨特性」，如前所述，**雖說有其獨特性，但是無法做到全**

**部由自己獨立經營，因此靈活運用他人的力量也很重要**。

培養團隊成員，創造即使自己不在也可以做到的狀況（左上角）。反之，若自己的獨特性無法發揮的業務，則將外部的智慧澈底的運用自如（右下角）。這種「槓桿」的發想使工作量能達成有效的精簡化。

為了取得槓桿效果，**業務的標準化**是有其必要的，如圖左上角，如果要分配業務給別人，如果是只有自己才專精的「技能」，就會不信任他人。在只有自己會的事物上，要一步步磨練，落實於可重複性的流程。就結果來說，標準化和共享化正在進行中。

如右下角，將業務向外委託時，為了整合自家公司的作業流程，訴求界面的標準化。還有為了將「職人技術」導入內部，有必要作出將該業務進行標準化的努力。

標準化時會使用很多ＩＴ工具，如果介面開放時，也可以使用外部資產，生產力也能提升。而豐田的生產方式，是將業務方式標準化，將自家公司的工作現場智慧共享化，引進外部智慧，以持續提升生產力為目標。

- **業務重要度的洞察。**
- **為自己原有業務與否的判斷。**
- **業務流程的標準化。**

執行此三項對策，可以按照優先順序做事。

### 3. 生產力的提升

篩選需要投入時間和業務量，如何提升生產力才是真正重要的課題。

這裡最大的驅動力就是**動機**[103]，簡單來說，就是「動力」以及「認真度」。

如果是自己喜歡的東西的話，就會沉迷其中。如果沉迷其中，腦力就會運作得更好，還可以釋放腎上腺素。一旦釋放腎上腺素，沒多久就能提升三倍的生產力，這是尼得科永守先生在「工作模式的改革」當中，視爲最重要的操控桿。

體會到跑者嗨（runner's high）的人我想有很多吧！長距離路跑時，最初會感到辛苦。突然在某個點開始，會進入到另一個境界[104]，開始對於痛苦感沒有知覺。

我每天都游二公里作爲每日的日課。最初游一公里時感到太累，一旦超越自己就陷入鰓呼吸的錯覺，覺得不論幾公里都能繼續游下去，也就是進入泳者嗨（swimmer's high）的境界。

同樣的，工作者嗨（worker's high）的現象，在工作中也經常能看到。對於進入境界內的人們來說，工作是會帶來快感的。這麼一來人們不用花太大的心力，生產力就會提升。當然若置之不理，恐會導致過勞死。正因爲如此，最初的條件——投入時間的管理就是關鍵。

對於有下屬的人來說，提升下屬的動機這件事是很重要的。應給予誇獎、頻繁的稱讚，並賦予期待。「你原本應該更有實力」、「我想要看到你的潛能發揮到最大」等如此的方式。

然而，**最好的做法是讓本人可以眞的認可，是爲了什麼才工作的。**同時，也要掌握兩個P的關鍵。

**首先，先鎖定自己的志向和目標（purpose）。這麼一來，被強迫做的事就變成自己的事情，發自內心湧出「往前踏出一步」（pivot）的勇氣。**

當工作（work）變成生活（life）的一部分，「工作與生活的平衡」（work life balance）這件事消失不見，**不是「工作模式」的改革，而是「工作意義」的改革**，這就是原本應設定的目標。

常聽說Y世代的人們對於工作態度消極。的確，在今日或許犧牲自己的生活，爲工作燃燒自我的年輕人的確很稀少。然而，Y世代的人們對於社會性和共感性的靈敏度，比之前的世代都還要來得強烈。如果能在這個感性上引發他們的動力，我想對於「工作意義」覺醒的年輕人應該不在少數。

# 學習招募時能提升動機的結構

意識到自己想做的事情，提升動機結構的企業就是瑞可利集團，如**圖36**所示的「Will Can Must 圖表」。

Will是表示「自己想做這件事」的抱負，即**透過瑞可利集團達成的夢想和目標**。

另一方面，不管志向有多麼高遠，若什麼都不做、也什麼都做不到的人就不能錄取。因此「我可以做得到」，這樣的**自身能力和強度**稱爲Can。

然而，只有Can的話，在自己狹隘的範圍內無法實現Will。爲了達成Will，**即使最初沒有那個想法，但自己也要好好學習技能和業務**，這就是Must。

這個Will、Can、Must的正三角形，對於招募的管理者來說，也是很重要的要點。一對

[圖36]

**瑞可利集團的Will Can Must圖表**

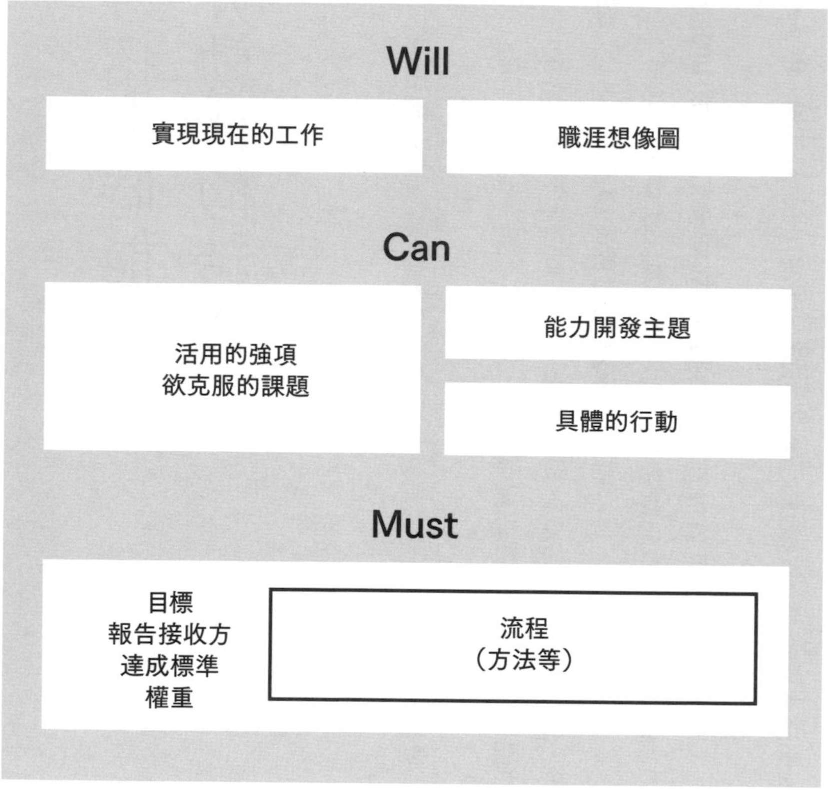


來源出處：瑞可利集團的 Recruit Job 官方網站

一（one-on-one）會議能和各個下屬好好面對面討論。

舉例來說，帶領一百名部屬的話，會很勞心勞力。即便如此，做出的努力與部屬本人的績效和成長，還有自己的業績及成長都有直接的相關，因此大家都很認眞努力著。

**因著什麼這個公司才會存在呢？我們要如何改變這世界呢？**這樣的事領導者應以此爲志，要如何持有呢？要如何與組織的成員分享這一點？

**飛躍性成長所需的向心力，會因爲領導者心中抱負崇高，與成員共享該志向方能創造雙贏的局面。**

# 把拉門打開，外面世界很遼闊喲！

「把拉門打開，外面世界很遼闊喲！」[105]

這是豐田集團創業者豐田佐吉說過的名言。豐田的祖業是自動織布機，其紡織物是日本的家傳絕技。而將汽車變成家傳絕技之非連續性成長的企業根源，可以用上述這句話來解讀。

如果有高度學習能力的話，要開發一個新的領域，即使最初是從零開始，最終也會成爲專家。因此一直在做相同的織布機，最終也會面臨成長的極限。如果是這樣，不如就把勞力用在更不一樣的地方。

雖然以前從來沒有製作過汽車，只要將我們的熱情和能力全神貫注於此，即使是汽車或許也可以成功。不能一直停留在原地打轉。佐吉老先生的這句話，用在每個人身上也是很吻合實際情況。爲何會自我設限呢？認定自己只能做這個，如此否定的心態是爲什麼呢？

在孩童時，我們對於很多事情都感興趣，有很多潛在的可能性，也許未來可以成爲諾貝爾獎的科學家得主。日後會成爲什麼很難說，因爲有很多的可能性。雖說如此，隨著時間的流逝，那種可能性也就愈來愈小了。

這是因爲反覆爲考試讀書以及同質性經驗的蓄積，讓潛在可能性的幅度也漸漸變得狹窄。當我們還是孩子的時候，接觸新事物、接觸新經驗的喜悅，以及因此失敗的不甘心，應該都可以重新再出發。

「把拉門打開，外面世界很遼闊喲！」

佐吉老先生的這句話，對於成爲狹隘專業領域的專家，以及拒絕新經驗的人們來說，有傳達出鼓舞人們重新從零開始挑戰新事物的訊息。

在非連續性的時代裡可能性隨處可見，會造成世界的侷限只有自己。只要灌輸接受新事物的觀念，就能接收這樣的訊息，「往外踏出一步，會開啓新的風景視野」。

## 本章重點整理

- 洞察力、共感力、人際溝通能力爲鍛鍊自身特質的重要能力。
- 即使你按照預定的時間表計劃某件事，最終也不會產生任何有趣的結果。想要做什麼新的事情，都是要靠「機緣巧合」（未預期的偶遇及偶然性）。
- 個人的技能因爲加強練習而提升。根據「投入時間的規定」、「投入任務的篩選」、「生產力的提升」，可以突破個人成長的極限。
- 反覆和同質的經驗會將潛能的廣度壓縮，請重新從零開始抱著挑戰的勇氣，開啓新的人生視野和風景。

# 第十五章

# 給欲解決社會課題的你

在第三部中，傳達了對於顧問來說，超越顧問價值的觀點和思考方式，特別是將焦點放在針對個人技能的提升。那麼本書主題之問題解決的技能，到底用在什麼方面呢？運用於何種工作上面呢？

## 對於社會課題覺醒的千禧世代

自從雷曼兄弟引起金融海嘯以後，世界發生極大的變化。千禧世代著手於解決社會課題的人數有增加的趨勢，亦即被稱作菁英的人們當中，集中於關注高度社會性的商業機會。持有解決課題力的人們，欲將這樣的能力活用於解決社會課題的傾向，確實有增強的趨勢。

波特感嘆這是人才的流失，有一位在哈佛大學成績位居前五%的貝克獎學金[106]（Baker Scholar）的得主，從前在高盛集團（Golden Sachs）及麥肯錫工作，現在在NPO工作。也就是說，在大企業和做賺錢的工作並不是很酷的事，可以對地球和社群有所貢獻，在未來世代中留下什麼，才是他們最關心的事。

從離職的前麥肯錫顧問們的身上，我們也看到相同的傾向。日本的麥肯錫如前所述，像是著手於東北復興事業的氣仙沼針織社長御手洗瑞子小姐、大地株式會社（Oisix Ra Daichi）的高島宏平社長，都是活用在麥肯錫工作的經驗，因此而開創高社會性事業的人數正持續增加中。

實際上，麥肯錫的手法對於社會課題的解決，發揮十足的影響力。

舉例來說，第十四章所介紹的衝擊力、創新力和執行力，這些三個I對於解決社會問題來說也很適用。直面解決社會問題，解決至今懸而未決的問題，然後加以實行。以如此的形式再加上運用知性的話，將原本那些易爲拜金主義所用的顧問技能，應用於解決社會巨大的課題上。

說到所謂的社會課題，具體上有什麼呢？若細數道來會堆積如山，例如：糧食問題、貧困問題、醫療問題。因此，需要解決問題的能力來解決這些問題。

就解決社會課題的資金來源來說，至今稅金已被拿來使用。公家機關以稅金形式來聚集財富，以社會基礎建設和輔導金等形式進行財富的重新分配。然而，社會課題愈來愈龐大時，可運用的資金以往的分配方式無法跟上。

在NPO也存在進行解決問題的人們，然而大多數人創造財富的能力並不強，光是使用得到分配的金錢就已告罄，創造財富流動的結構是有難度的。

在這樣的狀況下，學習麥肯錫的技能，並將之妥適運用於社會課題的創業家受到眾所期待。

## 行銷三・〇——從顧客課題到社會課題

在行銷的世界裡，對於社會課題的關心愈來愈強烈。教授提倡「行銷三・〇」這個新的行銷範例為：**「企業應解決的問題不是顧客課題，而是社會課題」**這樣的思考方式。

這些因社群媒體的發達、社會課題的明顯化，以及市場的成熟而更加沸沸揚揚。

第二次世界大戰後，宣傳自家公司產品的存在和功能爲運用行銷的使命（行銷一．〇）。自七〇年代以後，爲知曉消費者的需求，並予以滿足的行銷（行銷二．〇）。然而環境破壞和格差的社會問題更嚴重。因此行銷的對象有必要從單純的顧客課題，轉化到更大的社會課題，那就是行銷三．〇。

顧客在某種意義上爲本位主義，以自我爲中心。二十世紀的行銷重點著眼於持續煽動他人的慾望。然而，如果按照人人的慾望來做，社會和地球就要爆炸了。

其中「大家共存的環境，可以共感的溝通方式」這個意識，在先進的顧客和千禧世代之間急速的抬頭。還有社群媒體成爲傳播思想的工具，以解決社會課題爲目標的企業姿態，能與顧客產生共鳴。在接受新潮流時，行銷三．〇也登場了，而這正是二十一世紀的思考模式。

# CSV這個選擇

在管理理論當中，二十一世紀型的新模型登場了。波特提出了創造共享價值（CSV），關於CSV在第一部和第二部當中都有做介紹，我想讀者應該還有印象。讓我們來簡單複習一下，**即是訴求解決社會課題，提升社會價值，亦即提升公司價值**。

社會課題堆積如山，被置之不理的課題，是因爲沒有解決對策。當然有以稅金應對（公共事業），或以善意來應對（NPO）的二個選項。然而這些就永續性的解決對策來說，是不可能的。

爲了實現CSV必須構築持續創造收益的事業模式。波特教授和CSV先進企業雀巢（Nestle），正是因爲事業進行創新，掌握關鍵。

在此有所助益的是，掌握現狀的價值鏈和金流的分析力，以及設計新的價值鏈與金流的構築力。若是左腦和右腦鍛鍊非常平衡的優質顧問的話，就能成爲可以派得上用場的力量。

我主辦的CSV論壇等致力於CSV時，**要如何將社會課題轉換爲賺錢的模式**，成爲最大的挑戰。如第二部當中所述，要如何轉換**空間軸和時間軸**，這需要大家絞盡腦汁。

企業、NPO、當地社區、學校等之間的合作，藉由實踐CSV的動向也能同時擴展。

即使在這半年，我也提出Co-creAtion這個企業與NPO共創的課程，爲地方創造城市規劃論壇之「城市展」[107]，以及和文部科學省（相當於臺灣的文化部）主辦的「青少年體驗活動推動企業表揚典禮」等，提出日本式的CSV（J-CSV）建議。

再者，以農業版MBA爲目標的日本農業經營大學當中，開始了「農業經營之社會價值創造」的講座。藉由這些場合，讓參加者和聽課者也能感受到對於CSV強烈的關心和熱情。

這麼一來，被認爲是社會課題先進國的日本，應以「社會課題解決先進國」爲目標。此時，就CSV而言，爲解決問題的切入點來說，應該也能派得上用場。而對日本發起的CSV領航者活動，今後大家只會更加期待。

# 建立社會制度架構之路

關於大前研一的繼任者、麥肯錫東京分公司總經理橫山禎德先生，我在第十三章稍有介紹，這位人士原本爲畢業於東大和哈佛建築系的建築師。即使身爲顧問，也超越個別顧客的問題，以社會全體結構的變革爲目標。因此也成爲東京大學的高階管理課程（EMP）[108]的企劃和推動負責人，提出「社會制度」變革的建議。

橫山先生自行將此稱作社會制度架構。問題解決的本質運用方式，並非單純解決個別顧客的問題，而是放在重新構築全體社會制度，所謂「就問題解決來說，並非受限於過去的結構，而是成爲新的結構構築者」，將「架構」這樣的概念混合於其中。

所謂社會制度眞的是複雜的型態。爲了解決社會課題，將所有一切複雜交錯在一起的關係導入好的循理體系中，進行重新設計。若我們像亞馬遜一樣只專注於滿足客戶，那麼它作爲整個社會的系統將無法持續，這是因爲它是以供應商和物流公司爲代價而建立的。

爲了構築社會全體能夠有效運作的結構，必須解決複雜的問題，不規避關於哪個優先的二元論，考量可以提升全體水準的結構設計，那也是社會制度架構的功能所在。

曾任波士頓顧問公司的安德魯．溫斯頓（Andrew Winstone），以專長永續企業策略而受到衆人的注目。他的最新著作《大轉折》（*The Big Pivot*）（暫譯）當中提到，爲了解決環境問題、資源問題、企業責任之三項社會課題，而提出概括性的手段建議。

如我在這本書的（日文版）序文中所敍述的，Why（爲何要改變）、What（改變什麼）、How（如何改變）依邏輯性而表示，推薦各位務必閱讀一下，這也是顧問的技能用在社會制度的重新構築上的良好範例。

不像上述這些社會思想家，現今有很多創立自行解決社會課題事業的年輕創業家。如前所述，在日本的麥肯錫也是，如Oisix Ra Daichi的高島宏平社長、氣仙沼針織的御手洗瑞子小姐。

**並非是個別的課題，而是訴求社會全體課題的解決方案，將具有問題解決技能的人才，從企業顧問的世界，大幅度的轉向改革社會制度的立場上**。這麼一來，應該能夠解決如地殼變動般的社會問題，而這些巨大的力量，可望在今後的社會大展身手。

## 朝永續發展社會的方向邁進

各位讀者知道瑞秋．卡森（Rachel Carson）所寫的《寂靜的春天》（*Silent Spring*）（海鴿於二〇二三年出版繁中版）這本書嗎？它於一九六二年出版，還成爲世界暢銷書，她將農藥等化學物質的危險性，以「鳥兒們已不會鳴叫」等事件。這是我在高中時代生物課指定的閱讀物，記得當時看完後感到一片愕然。

地球環境問題的嚴重性已拉起警報，於一九七二年出版的《成長的極限——羅馬俱樂部「人類危機」報告》（暫譯），運用系統動力學的手法，預想「人口增加和環境汙染等現象，若再持續下去的話，在百年之內，地球上的成長就會達到極限」，對於世界造成衝擊。

日本自一九七四年起，有吉佐和子小姐在《朝日新聞》中，連載複合汙染的報導。那時在東京也發生了光化學煙霧，形成公害成為社會問題，當時受到極大的關注。

那之後已歷時五十年，這個問題變成熱門話題，卻反覆被忽略。近年來，比起「成長的極限」這種說法，**「永續性」**的說法開始被人們使用。所謂永續性，是一種循環的概念，旨在創造價值，同時將以前被認為免費使用的環境和社會成本列入考量。

二〇一五年九月，聯合國高峰會通過「二〇三〇年永續發展議程」，至二〇三〇年之前設定了十七個目標，就是所謂的「永續發展目標」（SDGs），日本政府傾舉國之力，積極致力於達成目標。

單純追求物欲和營利的經濟成長，在將來總會遇到瓶頸。而輕視環境成本和社會成本，在未來的世代也全數非買單不可。

從前的歐洲各國將殖民地的奴隸，以零人工成本的方式來使用而發展至今。在現代社會中已沒有了奴隸，但讓未開發國家的兒童們每日工作二十小時，而設立的企業卻不在少數。

舉例來說，一九九七年發生的Nike「奴隸工廠」事件，他們被揭發於委託的東南亞工廠中，在惡劣的環境下，有長時間勞動和兒童勞動的情形。關於這件事，美國的非政府組織（non-governmental organization，簡稱ＮＧＯ）等針對Nike的社會責任大肆批判一番，因而引發了全世界知名的商品拒買運動，Nike也在營收上受到了莫大的衝擊。

還有最近二〇一五年英國制定了「現代奴隸法案」（Modern Slavery Act），這是針對特定的供應鏈奴隸制，以達成澈底拔除的程序報告。二〇一七年時，因應該項法規的日本企業不過十七家，但對在英國尚未開展事業的日本企業來說，應該也不是莫管他人瓦上霜，而視若無睹才是。

二〇二〇年東京即將舉辦奧運[109]，對於日本企業相關的奴隸勞動關注也愈來愈多。很多日本企業對於奴隸勞動感到不可思議與不屑一顧，但他們對於新興國家的二次、三次承包也無法一手掌握是否有管理妥善或缺失之處。

不光是人權，至今無視於「外部成本」所耗費的環境和資源、群落的生態系等，編列納入內部成本的新興結構，想必在不久的將來都有可能會實現！例如：對應環境成本和社會成本之新的會計制度和資產負債表，在未來的哪一天終究會出現吧！

社會課題的解決爲企業活動評價軸的一部分，期待它取代ＧＤＰ，成爲衡量國家經濟力指標到來的那一天。但是在走到這步之前，可能還會花一段時間。

只是令人感到有所救贖的是之前消費者發現，疑似奴隸勞動企業等商品的拒買運動已發起，前述的Nike也是強烈接受洗禮的案例。最近SNS具有媒體的功能，這樣的拒買運動沒多久就在各地蔓延開來。企業本身爲了自家公司的永續性，不得不自制。

有良心的領頭廠商都已經了解，**一心追求企業營利的話，不只破壞社會價值，自家公司的企業價值也被破壞了**。雀巢、聯合利華（Unilever）是領頭羊，而在日本以味之素（Ajinomoto）、花王、迅銷、三菱化學（Mitsubishi Chemical）等爲代表，將社會課題的解決，視爲經濟價值的提升，而參與的CSV企業也持續在增加中。

朝永續性的社會實現邁進，要如何集結人類的智慧，抱持此志向的社會課題解決型人才，正是當下所追求的方向。

## 本章重點整理

- 面對於糧食問題、貧困問題、醫療問題等社會課題，諮商技術是有效的解決手段。
- 對於社會課題的關心，在行銷的世界也引發關注。企業應解決的問題從顧客課題轉換到社會課題。
- 對於社會課題，公共事業和NPO中無法持續創造收益。爲了能持續解決及實現，CSV已變成是不可或缺的要素（提升社會價值、經濟價值，亦即自家公司的價值）。
- 爲了實現社會朝永續性方向發展，集結人類的智慧，訴求有此志向的社會課題解決型人才。

# 結語

長年從事顧問工作的我，將這些年來問題解決的專業知識都集結在本書當中。本書中所提及，顧問對問題解決的手法和今後應有的姿態，希望您能覺得受用。最後我們來總結，當作留給對未來負責的讀者說幾句話。

## ——「麥肯錫vs.波士頓顧問公司」——

有句話可以完美詮釋麥肯錫vs.波士頓顧問公司之間的角色差異：

**「發生五年一次非連續性問題時採用麥肯錫，但要將問題轉化成組織的力量選擇波士頓。」**

這是某個企業的領導者表示顧問的運用方式，更容易理解的說法是：「看見恐怖的問題則選擇麥肯錫，請放下警戒心，因爲一起同行的還有波士頓。」

就商業模式而言，麥肯錫出乎意料之外的不適合。我想不用說各位也明白，每五年一次，或每三個月只諮詢一次，而這當中四年一直都諮詢波士頓顧問公司。麥肯錫的處境艱難。

然而，這也僅此於此。在第二部裡我們談及麥肯錫擔任分配「宏大變革目標」（MTP）的角色。

特別是大前先生在的時候，以「你這樣可以嗎？應該可以做更多的事」的話語，來動搖顧客的心。對於遠遠眺望未來，或只能很近看的人來說，這導引出很重要的視角，成為關鍵性的存在。

眺望遠方的視角、近看的視角，這象徵著凹面鏡和凸面鏡（圖37）。列示出時間軸和計畫的堅實度。

一般的公司如小腹突出的中年人，就像凸面鏡型的模樣。也就是說，以中期計畫為主軸的經營，短期計畫會很馬虎，長期計畫更像是輕忽的「中期計畫症候群」。

近年來變得異樣的東芝正是這個情況。原本的計劃，在可以預測到未來的時代裡是有效的，但對於非連續的時代來說並不適合。即使執行三年前所想的事，但後來也會有所偏移，那麼該怎麼辦呢？這麼一來，採行稱之為「滾動行動」的方式以變更每年的計畫。結果是中期計畫無法執行，只好把它歸告於環境的變化。

以好公司的情況來說，就像變成「凹面鏡」，每週和每月的超短期計畫，和二〇五〇年

[圖37]

**遠近兼用的手段**

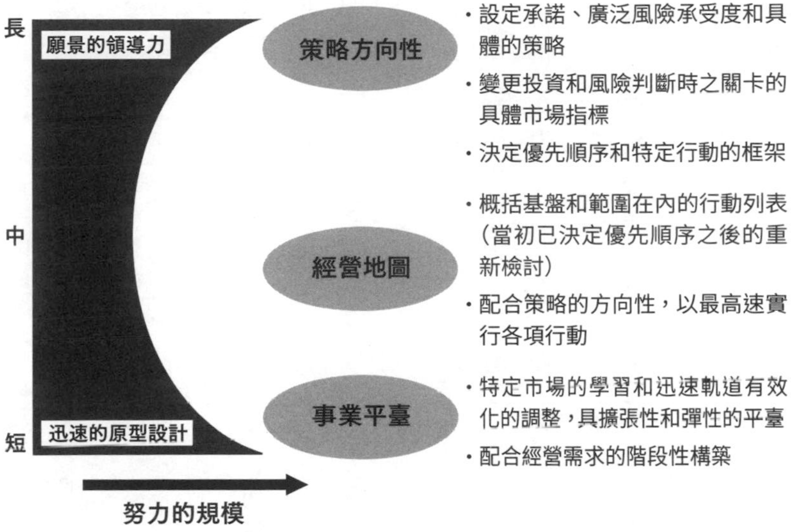
長
中
短
願景的領導力
迅速的原型設計
努力的規模
策略方向性
經營地圖
事業平臺
・設定承諾、廣泛風險承受度和具體的策略
・變更投資和風險判斷時之關卡的具體市場指標
・決定優先順序和特定行動的框架
・概括基盤和範圍在內的行動列表（當初已決定優先順序之後的重新檢討）
・配合策略的方向性，以最高速實行各項行動
・特定市場的學習和迅速軌道有效化的調整，具擴張性和彈性的平臺
・配合經營需求的階段性構築

超長期的計畫一樣重要。對企業而言，重要的觀點是**短期和長期的視角**。就和大前先生一樣，有能看到未來的眼光相當重要。與此同時，制定KPI，澈底執行短期計畫也很重要。

麥肯錫和波士頓顧問公司的運用方式，與這個時間軸的差異有關。**看長期時選麥肯錫，短期實踐時選波士頓顧問公司**。

不管怎麼說，**在善用顧問時，應該有留意的事項。諮詢會立刻有效，但也可能有危險性**。實際上，不去檢視自家公司的實力，而與顧問一起看見未來十年更大的世界，不過是在畫大餅而已。包括策略的實踐、大量引進顧問、無法切割仰賴顧問的體質、持續支付幾億日圓，這些都是頂尖企業會做的事。

一方面，將顧問定位在新兵訓練營的角色，對於企業來說，也許是好的變革契機。因爲鍛鍊至今沒有運用到的頭部肌肉和組織的實力，也能養成以下一代成長爲目標的體力。

關於兩大顧問體和顧問的採用方式，若想詳細了解，請期待我的下一本作品。

## 馬斯洛[110]需求層次的第六層要爲社會做出什麼貢獻呢？

爲了實行新事物，回到原點是很重要的，不只是企業，個人也適用。**自己也再一次回到原點，讓自己處於可以接受新挑戰的位置**。

舉例來說，現在全世界流行的正念爲其中之一，如第二部所介紹的，冥想和坐禪的活動。潛心鍛鍊五感，能自然而然的對話。把自我的自私捨棄掉，自然的力量在自己心中跳動，這麼一來，未來的模樣就會湧現。這幾乎都是有關宗教的世界，有趣的是，眞的有創造力的人也有相似的體驗。

米開朗基羅（Michealangelo）在雕刻時，從大理石可以聽到「雕刻出自我」這樣的喃喃自語，進而在雕刻時創作出大衛像的巨作。賈伯斯在進行冥想時，也在進行靈感提升。

如何從自己內心創造未來呢？在當下被現實所束縛，即使有想要工作的心，這樣的情形也絕對不會發生。事實上也沒有醒悟到應該過有意義的人生。

很多從麥肯錫離職的人著手投入於社會公益事業，也許這就是理由。如果想追求身心的提升，那麼不是尋求顧問，而是去敲禪寺或ＮＰＯ的大門吧！

說到個人成長，馬斯洛（Abraham Maslow）需求五層次非常有名。然而，也有決定性的極限。從生理需求、安全需求，到自我實現需求，最後就會完全陷入自我中心的世界。馬斯洛在臨終時，又加上「超越自我」的第六層次（**圖38**），從這個層次開始，到達「透過自己，未來才會出現」的情況。

自我實現是指自己心中的容器得到滿足，淸空自己的內心，朝原本的目的深化，潛入內

[圖38]

## 與馬斯洛需求五層次理論的關係

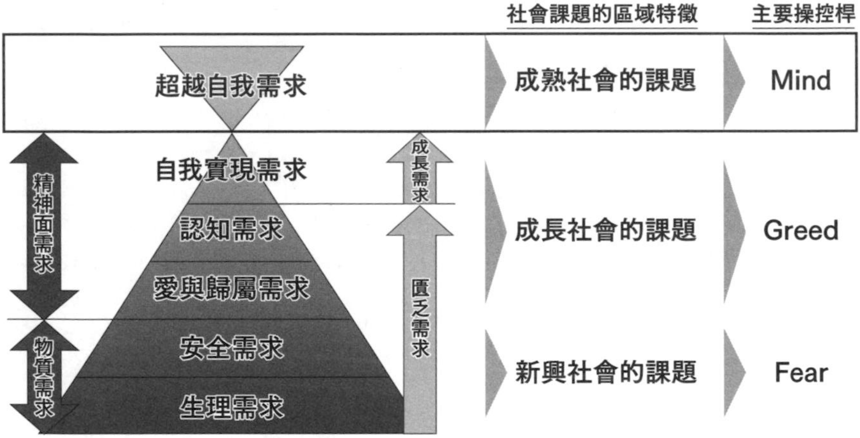

在。然後從深度所得到的本質，再一次帶回到現實中加以實現。這是第二部會介紹過的U型理論實踐。

有體驗過如此的靈性經驗的人，我想有能力可以改變自己、企業和社會。

## 並非問題解決大師，而是價值創造者

要創造二十一世紀的價值，不是解決問題，而是可以判斷有什麼價值的人，也就是具體研磨鍛鍊而來的JQ。

如果不去理解眞善美的「善」，光是一味的追求「眞」，就陷入只有IQ的世界。反之，若只追求「美」，變成只有EQ的世界，對於什麼都覺得合理。那眞正的價值是什麼呢？如何掌握價值的主軸呢？在堅持這樣的視角下，不得不去解決問題。

爲了達到目的，該怎麼做才好呢？

還是要把被什麼桎梏的自己淸空，持續深入去追求自己的使命，以及自我本質上需求爲何？

**只要人都能覺醒於找出自己原來的使命，應該就能搖身一變，成爲與從前到目前爲止完全不同的人生、國民和社會**，而這就是改變教育和環境的力量。

因此我們不能停滯於「磨練解決問題的技能」，有必要持續堅持找出**「只有我自己可以創造的價值是什麼」**。

你的抱負和志向是什麼？——這是明治維新的精神指導者吉田松陰的口頭禪。當下各位回答不出來這個問題也沒關係，**重要的是要持續進行思考**。例如：即使現在持有答案也要持續思考下去，不滿足於現狀，經常破壞掉再重新構築。

事實上我自己也是一直處在漂流狀態中。大學畢業後經歷過十年的貿易公司上班族生活、二十年的顧問人生，然後十年的教職生涯。雖不是在說格拉頓「百歲人生」的論點，但我感覺應該還有一、二次挑戰新事物的可能性。搞不好，也許到最後我都沒有找到「天職」。

不過，在未完成的狀態下，本身也是相當重要的。潛力正在擴大，但認爲自己是成熟的大人，以成長完畢的姿態工作，會讓人覺得實在是太可惜了。

在大學一年級時，我幫過曾任朝日新聞社編輯委員的先父的忙，當時幫忙抄寫《評論·松下幸之助》（暫譯）的原稿，對幸之助老先生如下的座右銘印象深刻：

青春就是心態的年輕，
只要信念與希望洋溢，充滿勇氣，每日持續進行新的活動下去，青春永遠伴隨那人左右。

今後，我將與未來的價值創造者的讀者你一同繼續思考下去。

最後，出版本書的Discover 21的干場弓子社長，給予我相當大的幫助，想要在此特予致謝。

兩年前，我出版《LEAP新商業模式》時，被追問「那下一本來談談你的工作技法如何」，一向對於「知性的挑釁」無法抗拒的我，於是漸漸將顧問的技能揭露書寫出來。

也許是爲了激發出我的責任感，從本書的構想階段到打草稿，干場社長一直頻頻從旁指導和協助，同公司的牧野類先生也一直陪伴於左右，在此對這兩位人士致上崇高的謝意。

而對於閱讀本書的讀者來說，這次我背負著責任，對各位今後的知性旅程來說，衷心盼望本書能爲您們提供一些參考價值和幫助。

名和高司

## ■ 註釋

1. MBA：（Master of Business Administration）：爲企業管理碩士學位。一八八一年美國的華頓商學院是全球第一所商學院，一九〇八年成立的哈佛大學商學院則奠定了現在MBA課程的基礎。
2. Pepper機器人：爲一款能辨識情感的人型機器人。它搭載有「情緒引擎」和「雲AI」，是全球首創的情緒辨識個人化機器人。由日本軟銀（SoftBank Crop.）的機器人部門展開銷售等業務，將人型機器人推廣到商店中使用。目前已停產。
3. 第四次工業革命：隨著人工智慧的進步，由物聯網（internet of things，簡稱IoT）所引起的產業結構變革，稱爲第四次工業革命。十八～十九世紀由蒸汽機獲得動力帶動了第一次工業革命。十九世紀末～二十世紀初因電力和馬達的動力革新，帶動了第二次工業革命。二十世紀後半則因電腦促進了自動化，從而帶來了第三次工業革命。
4. 麥可・波特（Michael Eugene Porter）：一九八〇年發表其主要著作《競爭策略》（*Competitive Strategy*）以來，便成了美國專攻策略管理的一線學者，爲哈佛大學企業管理研究所教授。他作爲定位派而雄踞一方，提倡五力分析法（five forces analysis）、價值鏈分析法（value chain）等競爭策略手法。
5. 理查・塞勒（Richard H. Thaler）：爲美國芝加哥大學教授，是知名的行爲經濟學家，在國際上擁有出色的研究成果。同時亦著有許多關於行爲科學的大眾啟蒙書籍，較著名者如《贏家的詛咒》（*The Winner's Curse*，經濟新潮社於二〇〇九年出版繁中版）一書。

6. 現狀偏差（status quo bias）：是塞勒教授專攻的行爲金融學（將人類不合理的心理狀態應用在經濟學上的學問）的主張之一。這個理論認爲，改變現狀所帶來的不利狀態，遠大於改變現狀後可能帶來的利益。

7. 事實（fact）：用以建構邏輯的數據或具體實例。

8. 安宅和人：在麥肯錫公司工作四年半後，進入耶魯大學攻讀腦神經科學課程，畢業後再度返回同公司服務，從事消費者市場行銷分析（consumer marketing）。二〇〇八年秋季轉職雅虎公司（Yahoo），現擔任該公司策略長（CSO）一職。著有《議題思考》（經濟新潮社於二〇一九年出版繁中版）一書。

9. boil the ocean：試圖完成不可能實現的事，做一些超出能力的事情。

10. 電梯的例子：是羅素・艾可夫（Russell Lincoln Ackoff）在其著作《解決問題的藝術》（*The Art of Problem Solving*）中記載的案例。

11. 紅海與藍海：由歐洲工商管理學院（INSEAD）的金偉燦（W. Chan Kim）教授等人所著作的《藍海策略》（*Blue Ocean Strategy*，天下文化於二〇〇五出版繁中版）一書中，闡述應從競爭激烈的既有市場「紅海」（用鮮血洗刷的激烈場域），轉而開拓無人競爭的未開發市場「藍海」（沒有競爭對手的場域）。

12. 鐵達尼號：是二十世紀初打造的豪華遊輪，在它進行處女航的一九一二年四月十四日深夜，撞上了北大西洋的冰山，隨即於翌日凌晨沉沒。至今有許多紀錄片及電影皆以此爲題材，其中由李奧納多・狄卡皮歐（Leonardo DiCaprio）和凱特・溫絲蕾（Kate Winslet）主演的《鐵達尼號》（*Titanic*）於一九九八年獲得奧斯卡金像獎。

13. 請參考第四五頁的「擲硬幣」範例。

14. 神探可倫坡（*Columbo*）：是一九六八年起連續三十年間，在美國播映的懸疑電視電影系列。有別於過去的推理影片，該電視電影採取倒敍方式，一開始就會出現犯罪畫面，而後由主角刑警可倫坡（Columbo）進行推理緝兇。每集中客串的演員皆會演出社經地位較高的犯人，他們被不修邊幅的中年男子可倫坡逼問的無處可逃的場面，非常受到觀衆喜愛。

15. 請參考第四九頁。

16. 既視感（deja vu）：大多伴隨著「好像眞的曾經見過，但想不起來在何時何地見過」的奇異感，這與做夢或純粹的遺忘不同。而是因爲神經傳遞「通道」出了差錯，導致腦內資訊處理過程產生這種現象。

17. Wii：是任天堂（Nintendo）於二〇〇六年開發的家用遊戲機。任天堂第六代桌上型家用遊戲機，透過無線控制器「Wii 遙控器」的直覺操作，讓玩家能夠在運動身體的同時進行網球等遊戲。

18. Y-Gaya：其日文原文爲「ワイガヤ」，表示不問人們的立場如何，只要隸屬於相同的組織，都能夠毫無顧忌的輕鬆交談。這是本田公司提倡的關鍵字，意指許多人在一個不工作、非私人的職場上談話。

19. 多元化（diversity）：這是一種積極活用多樣性人才的思維模式。這個概念原本是爲了擴大少數群體的就業機會而提出的，但如今企業不再局限於性別或人種差異，亦接納不同年齡、性格、學歷、價值觀的人才，廣泛選用各種背景的員工，藉以提高生產率。

20. 稻盛和夫的阿米巴經營法：稻盛和夫是日本具代表性的著名企業家，爲京瓷和第二電電（現爲KDDI）的創辦人，並重建日本航空（JAL）。此外更創立「盛和塾」以培養中小企業的經營人才。他以其獨特的經營手法「阿米巴經營法」而聞名，這是一種由全員獨立核算收支盈虧的小集團獨立核算制度。

21. OB (out of bunds) zone：球場的界外區域。在高爾夫運動中，樹立在球洞外側的界樁連成線後，便形成OB界定線，超出這條線的球就算是OB（界外）。

22. 共存共榮（trade-on）：這與表達兩者之間不可並存的「權衡取捨」（trade-off）是對立的概念，這是丹麥籍教授彼得・佩德森（Peter David Pedersen）於其著作《韌力企業》（*resilience company*）中提出的概念。書中的論述指出，企業的目標應該是使其經營的事業與社會、自然環境達到「共存共榮」的境界。

23. 精實創業(lean start-up)：是由美國企業家艾瑞克・萊斯(Eric Ries)所提倡的概念。他熟知「豐田生產方式」（「Toyota Production System」簡稱TPS，又稱精實生產系統），並從中找到了與自己的方法相同之處，再根據自己創業成功的經驗歸納出這套理論方法。

24. 譯註：這段話引用自繁中版《豐田物語：最強的經營，就是培育出「自己思考、自己行動」

的人才》書中的內文。

25. 帕雷托法則（Pareto principle）：爲義大利經濟學家維爾弗雷多．帕雷托（Vilfredo Pareto）發現的「冪定律」。該理論指出，在經濟學中，大部分整體數值是由整體中的一部分要素所產生。

26. RIZAP：這是男性商務人士間非常流行的塑身減重計畫。RIZAP 健身房運用了專業運動員所使用的先進技術，讓會員與教練進行一對一的訓練。在全方位的支持與嚴格的管理下，使會員在短時間內達到理想的成果。

27. KPI（key performance indicator）：即關鍵績效指標。企業用以評估目標實現進度的量化指標，藉此可以掌握每日進展，並改善業務營運狀況。

28. 長尾：

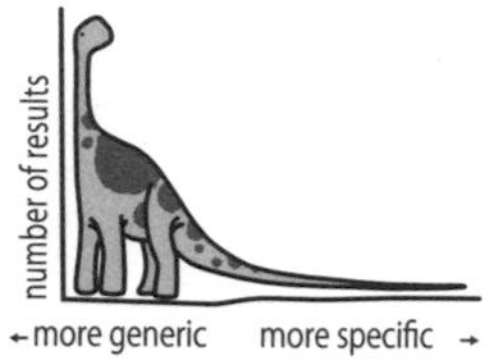


29. IoT：internet of things 的簡稱，即物聯網。人們將各式各樣的事物連上網路，形成一種網狀連結，透過資訊的交換達到相互控制的機制。由於雲端運算和 AI 的進步，可望進一步應用於各種領域。

30. 深度學習（deep learning）：是一種電腦學習方法，使其能夠執行人類的任務，例如：辨識聲音和圖像、預測未來等。它以神經網路爲基礎架構，模仿人類神經細胞的結構。由於神經網路中輸入了大量的圖像、文本及聲音數據，使電腦模型自動學習系統各層的數據特徵，藉由這種方式，有時電腦的辨識精準度甚至能超越人類。

31. 思夢樂服飾（Shimamura）：爲日本的服飾連鎖店，以郊區爲中心成立了多家分店。日本的市占率僅次於優衣庫，排名業界第二，海外方面在臺灣也設有分店。

32. 特斯拉（Tesla）：爲伊隆・馬斯克（Elon Musk）在美國矽谷創建的汽車公司，販售電池式電動車以及電動車相關商品，並且開發、製造、販售太陽能板等產品。

33. 宏觀環境分析：以國民所得、物價水準等與總體經濟相關的數據，進行數量的分析與統合，藉此在總體經濟社會的脈動中找出法則的理論。與此相反的是「微觀環境（micro environment）分析」，其關注的是個別商品與生產要素的供需關係，以及市場平衡。

34. 克雷頓・克里斯汀生（Clayton Christensen）：是美國哈佛大學商學院的教授，他的第一本著作是《創新的兩難》（*The Innovator's Dilemma*，商周出版於二〇二二年出版繁中版二十週年經典版），在本書中確立了破壞性創新的理論，因而聲名大噪，成爲企業界進行創新研究的最高權威。

35. 創新的兩難：克里斯汀生於一九九七年提出了「創新的兩難」理論，闡述大企業之所以敗給新興企業的理由，這給當時講究企業定位的經營策略理論帶來很大的衝擊。

36. 零和博弈：只要有人獲利，必然有人虧損，在幾個人彼此互相影響的情況下，所有人的收益總和等於零的博弈遊戲。

37. 價值鏈分析法：從原料和產品零件的調度工作，乃至商品製造、商品加工、出貨配送、市場行銷、對客戶（消費者）的銷售、售後服務等等，這一連串的事業活動便是有價值（value）的鎖鏈（chain），而非工作程序的集合。這一用詞最早是來自波特的著作《競爭優勢》（*Competitive Advantage*）一書（原文書於一九八五年出版；天下文化於二〇一〇年出版繁中版）。

38. 安索夫（Harry Igor Ansoff）：生活於一九一八～二〇〇二年的俄裔美籍管理學家，他將「產品」和「市場」設定爲事業成長的兩條基軸，再進一步細分爲「既有」和「新發展」，利用簡單的圖表展現出企業成長策略，這便是著名的「安索夫成長矩陣」。

39. 便利貼（post-it note）：一九六八年，任職於 3M 公司中央研究所的史賓塞．席爾佛（Spencer Silver）受託開發一款強力接著劑，其試作品之一具有「輕鬆黏合，簡單撕除」的奇妙特性，明顯是失敗作品，但他卻認爲可以開發新用途，後來便開發出現在大家使用的便利貼。

40. Hokunalin® Tape：這是由日本亞培公司（Abbott Japan）和日東電工於一九九八年共同研發的產品，是全球第一款「氣喘治療用透皮貼劑」。貼劑中含有支氣管擴張藥物妥洛特羅（Tulobuterol），只要將貼劑貼在身體上，藥物便會透過皮膚吸收，經由血液循環到全身，進而幫助支氣管擴張，使病人能順暢的呼吸。

41. 艾詩緹（Astalift）：富士軟片公司在研究底片的相關技術時，開發出「奈米科技」、「膠原蛋白技術」、「抗氧化技術」、「光解析掌控技術」等並加以活用，於二〇〇七年創建的化妝品系列。

42. Walkman：是日本索尼公司於一九七九年七月一日發售的隨身聽系列產品，該產品將過去搭載於收錄音機裡的喇叭和錄音功能精簡，置換爲專門播放立體音響的專用耳機。這項產品在當時風靡一時，尤其受到愛聽音樂的年輕人歡迎，進而推動索尼成爲全球化企業。

43. QUALIA：是從前索尼推出的高級品牌，販售電視等商品。QUALIA一詞來自學術用語，意思是「感覺的感受質」。

44. 全子（holon）：這是描述物體結構的概念。當構成整體的元素本身也具有作爲整體的結構時，這些元素（部分）可以被視爲一個整體，也被稱爲全子。例如：構成人體整體的元素（部分）即細胞，每個細胞本身也具有整體的結構和功能，亦可被稱爲一個全子。

45. 彼得・佩德森（Peter David Pedersen）：於一九六七年出生於丹麥，在日本生活了四分之一個世紀。他於二〇〇〇年創立E-Square顧問公司，專注於企業永續的CSR顧問工作，並與日本企業、行政機關、大學等機構合作，參與過約四百個專案。

46. 淺田彰：評論家。一九八三年他在京都大學人文科學研究所擔任助理時，便參考德希達（Jacques Derrida）、傅柯（Michel Foucault）、德勒茲（Gilles Deleuze）等著名哲學家的書籍，出版了《結構與力》（暫譯）一書，說明當代法國思想。同時亦批判日本當時的學術思想，引領日本的新學術風潮（new academism）。該書銷量超過五十萬冊，成爲暢銷書籍。

47. 米爾頓・傅利曼（Milton Friedman）：是美國的經濟學家，從凱因斯經濟學轉而主張古典派經濟學及貨幣主義、自由市場原教旨主義、金融資本主義，並對凱因斯（John Maynard Keynes）

的總合需求管理政策加以批判。一九七六年獲得諾貝爾經濟學獎，信奉主張自由意志主義的學者海耶克（F.A. Hayek）。

48. Cheki：富士軟片的相機品牌 instax 系列中的拍立得相機，就像從前的寶麗來相機一樣，搭載了相片列印功能。

49. 磁帶：透過磁化技術來記錄且播放資訊的媒介，曾被應用於收錄音機和ＶＨＳ設備。隨著硬碟成爲主流，磁帶便逐漸遭到淘汰。但由於其快速的數據傳輸速度，以及低廉的運作成本，因而再度受到大家的關注。

50. Heattech 發熱衣和 AIRism 空氣衣：兩者皆爲優衣庫的產品名稱，Heattech 發熱衣適用於冬季防寒，AIRism 空氣衣則適用於夏季吸溼排熱。其中 Heattech 發熱衣採用與東麗共同開發的機能性化學纖維製作，自二〇〇三年起便在全球十九個國家販售，累計銷售量超過十億件，是非常暢銷的商品。

51. 全食超市（Whole Foods Market）：爲一九七八年成立的食品超市，於美國、加拿大、英國共擁有超過四百六十家分店，然而於二〇一七年八月被美國亞馬遜公司以一百三十七億美元的價格併購。

52. 高通（Qualcomm）：爲美國一家無線電通信技術及半導體設計開發公司。二〇一七年新加坡的博通公司（Broadcom）曾試圖併購高通，但當時的美國總統川普（Donald Trump）擔憂，這可能會導致無線電通信產業的衰退及安全上的考量，因而從中阻止交易。

53. 群眾募資（crowdfunding）：各式產品、服務，甚至解決問題的想法、專案等，都可以透過網路向社會大眾募集資金。這包含了支持藝術家、參與政治活動、投資新創企業、支持科學研究、實現個人夢想等等，募資的範圍相當廣泛。

54. 沃爾瑪（Walmart）：以其高營業額，而成爲全球規模最大的連鎖超市和全球最大的企業，其總部設於美國阿肯色州。

55. 莉塔・麥奎斯（Rita McGrath）：爲美國哥倫比亞大學商學院教授，自二〇一三年起擔任策略管理學會會長，在當前的策略思想領域裡具有卓越影響力的學者之一。她著有《瞬時競爭策略：快經濟時代的新常態》（*The End of Competitive Advantage*，天下雜誌於二〇一五年出版繁中版）一書，並坦言：「波特所主張的競爭優勢，將無法在市場上獲得勝利，我們必須配合市場的變化不斷改變策略。」

56. 福特生產系統（Ford system）：一九一〇年代由亨利・福特（Henry Ford）在福特汽車公司（Ford），實施的大量生產方式。當時他們將整臺量身定做的汽車限定爲單一黑色車款，這樣既實現了大量生產，也降低了價格。這個策略促成汽車的普及，但另一方面，也成爲卓別林（Charlie Chaplin）的早期傑作《摩登時代》（*Modern Times*）中的舞臺設定，該片批判工業化所帶來的勞動環境改變。

57. 法國悖論（Frenchparadox）：表示與既定論調相悖的行動、結果。法國人雖然攝取大量的肉類和酒類，但罹患動脈硬化症的患者卻不多，因心臟病而死亡的比例也很低，這與既定論調不同，因而有此一說。

58. 大數據：隨著伺服器的雲端化和社群網路的普及，許多數據變得愈來愈容易取得。透過蒐集、分析大量（一般人的）數據的方式，便能達到預防犯罪和改善交通等目的。

59. 採購員（merchandiser）：在超市中，負責特定商品從進貨到銷售一手包辦的人。

60. 動態平衡：在微觀層面上，生命處於反覆進出卻又保持平衡的狀態，外表看似沒有任何變化。猶太裔科學家魯道夫・舍恩海默（Rudolph Schoenheimer）在一九三〇年代的實驗中，證實了生命處於「動態平衡」的狀態。

61. 野中郁次郎：生於一九三五年，爲日本一橋大學榮譽教授及美國加州大學柏克萊特別榮譽教授。他以「知識創造論」及「失敗的本質」而聞名，前者從日本的製造業研究中揭示創新的本質，後者則是對日本戰敗過程的共同研究。他是一位對企業經營者產生影響深遠的經營策略學者。

62. 亞當・史密斯（Adam Smith）：明確定義了「現代市場經濟體系是自給自足的」。即使每個人都是出於自身利益而行動，但累積了無數的行動以後，最終會造福整個社會，而與個人意圖無關。〔《國富論》（*The wealth of nations*）一七七六年〕

63. 楠木建：爲日本一橋大學商學院助理教授兼該校創新研究中心助理教授，並自二〇一〇年起擔任一橋大學經營管理研究科國際企業戰略研究所的專任教授。其主要研究領域包含競爭策略及創新議題，於二〇一〇年出版《策略就像一本故事書》（中國生產力中心於二〇一三年出版繁中版），並榮獲日本商務書籍大賞，成爲暢銷書籍。

64. 大偵探白羅（Hercule Poirot）：是阿嘉莎・克莉絲蒂創造的偵探人物，他活躍於《東方快車謀殺案》（*Murder on the Orient Express*）等多部作品中，經常被改編爲電視劇和電影。讀者和觀衆隨著偵探白羅一起解開殺人謎團，他總會在劇情最後集合被害者的關係人，詳細說明作案手法並鎖定凶手。

65. 阿基米德原理：據說阿基米德奉命必須在不破壞皇冠的狀態下調查其眞僞，他在泡澡時看見水從浴缸中溢出來，因而領悟了這個道理：「浸在液體中的物體受到豎直向上的浮力，其大小等於該物體所排開的液體重量。」

66. 溫水煮青蛙理論：該理論提醒我們，面對逐漸到來的危機和環境變化應保持警覺。在這則寓言故事中，如果將青蛙直接放入熱水中，青蛙就會驚慌跳出來。但如果放入常溫的水裡慢慢加熱，青蛙就會逐漸習慣溫度的變化，而對生命的危機毫無察覺，最後在不知不覺中被熱水燙死。

67. Uber：爲預約搭乘汽車網站及預約搭乘應用程式，有多種用途。不光是使用便利，自己也能成爲駕駛，是在空閒時取得副業收入的一種手段。

68. 區塊鏈：基於分散式帳本技術或分散式網路的概念，以比特幣的核心技術爲原型之數據資料庫。依序記錄的區塊持有持續性增加的列表。理論上，只要記錄一次，在區塊內的數據就不會進行追溯性的變更，而是自動控管的結構。

69. 基本所得：不管是否就業或有無資產，對於所有個人生活上最低限度的必要所得，無條件的給付之社會政策的構想。曾在一九六〇至七〇年代，在歐美展開議論。而今又因ＡＩ等造成貧富差距更擴大，再次受到大衆的熱烈討論。

70. 槓桿：指的是「槓桿原理」，使用他人資本以提高自有資本的利潤率，再者提高倍數（乘數效果）。

71. 科技奇點〔（技術性特異點（technological singularity）〕：也稱爲奇異點（Singularity）。依人工智慧，科技具備的問題解決能力高度化，人工智慧及後人類變成文明進步的主角，而取代人類的時機點目前推測爲即將到來的二〇四五年，此視爲一個較具說服力的說法〔雷蒙・庫茲威爾（Raymond Kurzweil）〕。

72. 心智提升（mind-up）：將對人類情感的平衡造成影響的賀爾蒙，在電腦上進行模擬測試。根據東京大學光吉俊二特任准教授的情感研究之「感性工學技術」製作而成。

73. 西田幾多郎：一八七〇至一九四五年。日本的哲學家，於各地中學和高中執教鞭，後轉爲京都大學的教授。根據其主要代表作《善的研究》（暫譯），確立所謂的「西田哲學」，曾榮獲國家頒贈的文化勳章。

74. 摩門教：一八三〇年美國約瑟夫・史密斯（Joseph Smith）創始的新教派。正式名稱爲「末日聖徒耶穌基督教教會」。除了《聖經》以外，使用《摩門經》的教義書，一般稱爲摩門教。而咖啡等嗜好物一律不得接觸等，以嚴格的戒律聞名，被一般的基督教徒視爲異端分子。

75. 實踐智慧（Phronesis）：指的是「融合科學性知識與實踐性知識，展開創造性的行動」。亞里斯多德的《尼各馬可倫理學》當中分成「智慧」（Sophia）和「實踐智慧」（Phronesis）兩種種類。

亞里斯多德闡述保持中庸是重要的，保持中庸的德性就是一種實踐智慧。

76. 《百歲人生》（*The 100-Year Life*）：是根據倫敦商學院的教授琳達・格拉頓（Lynda Gratton）和安德魯・斯科特（Andrew Scott）所共同提出，百歲人生時代裡的人生攻略，爲全世界暢銷書。在面臨長壽社會下，對於工作方式、學習方式、結婚、生子、生命中的一切都會不容分說的有所變化，令人印象深刻。

77. 鈴木大拙：一八七〇～一九六六年。如梅原猛所說，「近期日本最偉大的佛教學家」。與禪宗有關的著作約有一百本，其中有二十三本以英文編寫而成，將日本的禪宗文化廣爲發揚於海外。

78. 鈴木俊隆：一九〇四至一九七一年曹洞宗的僧侶。五年代時赴美，於舊金山成立禪修中心等，將禪宗推廣於美國。在歐美與鈴木大拙被稱爲鈴木二人組，著有《禪者的初心》（橡樹林文化於二〇一五年出版繁中版），爲賈伯斯的愛書。

79. U型理論：MIT史隆管理學院的奧圖・夏默（Otto Scharmer）博士研究了全世界領導者的面談等調查而取得，爲培養創新之領導力所開發出的理論，到取得結論爲止因爲與U型相似，故以此命名。

80. 彼得・聖吉（Peter Senge）：一九七四年生。MIT史隆管理學院組織學習中心的負責人，將歷經長年的複雜性和變化性加速的當下，企業的組織應如何適應之研究匯整《第五項修練：學習型組織的藝術與實務》（*The Fifth Discipline*：，天下文化於二〇一九出版繁中版全新修訂版）這本書中。這本書的成功讓克里斯・阿吉里斯（Chris Argyris）與唐納德・舍恩（Donald Schön）

最初提倡的「組織學習」的概念也推廣於人世間。

81. 三方皆好：爲人所知的是近江商人所傳授，指的是賣方、買方和世間皆好，最後對世間好，以現代的用語來說就是社會貢獻。

82. 澀澤榮一：一八四〇至一九三一年。於新政府的公職退休後，成立第一國立銀行、東京證券交易所、日本國首家私鐵日本鐵路公司、王子製紙（Oji Paper）五百多家公司，被稱爲日本資本主義之父。同時他也創設理化學研究所，就理想的田園都市爲目標，進行田園調布的規劃和分開出售。他將紀錄管理哲學寫成《論語與算盤》（遠足文化於二〇一九年出版繁中版），講述「利益與道德應協調平衡」，闡示經濟人應施行的手段，至今熱潮仍未消退。

83. 亨利．明茲伯格（Henry Mintzberg）：生於一九三九年，爲加拿大麥基爾大學管理研究所教授，與歐美的彼得．杜拉克（Peter Drucker）並駕齊驅，被稱爲管理權威的管理學家。他提倡相對於偏好分析的管理學理論，不只是科學（分析），也應訴求藝術（直觀和發想）、手工（經驗）的平衡。在日本也有「MBA毀滅企業」的回響出現。

84. 《北西北》(*North by Northwest*)：一九五九年製作的美國電影。卡萊．葛倫(Cary Grant)擔任主角，是一部講述捲入被認錯人的懸疑事件的傑出電影。

85. 加爾布雷斯（Galbraith）：一九〇八～二〇〇六年，出身於加拿大的經濟學家，是哈佛大學名譽教授。更是提倡後物質主義（Postmaterialism）先驅之一，他有超過五十本以上的著作，而《不確定的年代》（*The Age of Uncertainty*），時報文化於一九九四年出版繁中版）爲其代表作，更是全世界的暢銷書，廣受大家好評。不過卻受到很多古典自由主義學派者的批判。

86. 跳脫框框的思考：為了創造眞正獨創性、革命性的東西，不能停滯於框架和固有觀念之內（邊框內），必須在邊框外（outside box）思考事物。

87. 解構主義（Deconstruction）：依照德希達本身的定義，是指「直接按著哲學者經過之路，理解那個伎倆，施以詭計，用手上的好牌來一決勝負。同時按照自己的想法展開策略，事實上是略奪文本的謀略」。

88. PDCA：

89. 奇點大學：由未來學者雷蒙・庫茲維爾（Ray Kurzweil）和彼得・戴曼迪斯（Peter Diamandis）創設於二〇〇八年，以發掘和支援能描繪出指數型成長曲線的二十一世紀型企業為宗旨。

90. 規模報酬遞增法則：當新增投入生產要素時，效能佳。每投入一單位，報酬也逐漸上漲。為邊際報酬遞減法則之相反的現象。依循規模報酬遞增法則，如果規模愈大，效率愈佳，對於掌握最大市場占有率的公司來說，是相當有利的。

91. 正宗哥吉拉（Shin Godzilla）：二〇一六年上映，就日本製作來說，已是時隔十二年的哥吉拉電影。「Shin」就是「全新」哥吉拉、「眞實」哥吉拉、「神魔」哥吉拉（引號中的三個詞都是相同的日語發音），有幾個意思包括在內。

92. 企業創投（CVC）：商業公司以自有資金組成基金會，主要對於創投公司進行出資和支援的活動組織。投資與自家公司的事業內容相關聯的企業，以與本業之間獲取乘數效果爲目的。

93. 尚-保羅·沙特（Jean-Pau Sartre）：一九〇五～一九八〇年爲哲學家、小說家、劇作家，存在主義的代表人物、知名的行動派知識分子，他的妻子是西蒙·波娃（Simone de Beauvoir）。出版《存在與虛無》、《自由之路》、《嘔吐》等多本著作，還曾婉拒辭退諾貝爾文學獎。

94. 計畫：請參照第三九五至三九六頁。

95. 參與策劃（engagement）：法國的存在主義用語，依個人牽涉的狀況而定，以定義歷史的自由主體而生存。沙特和卡繆（Albert Camus）解讀更賦予政治面和社會面的參與，或是取決於態度的意思。

96. 藝術性創意：關於藝術和美學方面，建議可以參考近來受到關注的山口周的《美意識：爲什麼商界菁英都在培養美感？》(三采文化於二〇一八年出版繁中版)，以及安西洋之和八重樫文的《突破的設計》（暫譯）、《在設計之後》（暫譯）。

97. 機緣巧合（serendipity）：很棒的偶然相遇，發現預料之外的事物。再者，在找尋什麼時，偶然發現與找尋之物不同，卻另有價值的東西。像諾貝爾獎等級的發現的科學家有很多，但他們表示是因爲機緣巧合。

98. 編註：日本電視劇《男人眞命苦》講述男主角寅次郎每隔一段時間在外漂蕩後，又會回到故鄉與妹妹碰面的故事。

99. 晚熟的青年（moratorium）：爲心理學家愛利克・艾瑞克森（Erik Erikson）導入的心理學概念，指學生等在出社會獨當一面前，感到猶豫、躊躇不前的狀態。

100. 大江健三郎：諾貝爾文學獎得獎作家。一九五八年在東大就學中發表《飼育》，二十三歲的他成爲當時最年輕的芥川獎得主。更受到沙特存在主義的影響於文壇初試啼聲，還有石原慎太郎、開高健同時都成爲新世代的作家，而受到衆人的注目。因核心和國家主義等人類的問題，其故鄉之四國的森林與智能障礙者的長男（大江光，爲作曲家）的交流，被視爲是自身的「個人體驗」等。

101. 投企（entwurf）：指沙特的project，海德格（Martin Heidegger）指稱的Entwurf的翻譯。

102. 谷歌的八二法則：從每週的五天工作天，挑出一天，安排計畫，成爲谷歌創意的來源，並變成一個熱門話題。

103. 動機：動機就是很大程度可以左右結果。根據《工作與人性》（暫譯：東洋經濟新報社，於一九六八年出版日文版）的內文，對於工作的滿足感是指達成、認可、工作本身、責任、成長等與「工作的內容」有關。而對於工作的不滿足感與公司的政策和管理，以及監督者之間的關係、給薪、作業條件、人際關係等「工作的環境」有關。

104. 境界（zone）：就像忘記了其他思考和感情，埋首於其中的狀態。這種體驗就是美國正向心理學家奇克森特米哈伊・米哈伊（Mihaly Csikszentmihalyi）所提出的一種「心流體驗」，而不是指特別新的東西。就像運動選手一樣，當進入「一個境界內」就會有這樣的感受。

105. 把拉門打開，外面世界很遼闊喲！豐田的創始者豐田佐吉爲一個成功的事業家，在中國上海開設工廠，這句是他們舉家遷移過去時說的話。

106. NPO：進行各種社會貢獻活動，對於團體組織的成員，不以利潤分配爲目的之團體的總稱。

107. 城市展：創造爲企業、大學、地方、自治團體等合作的場域，提供持續性的城市規劃和區域規劃的場合。城市展的實行委員會主辦的論壇由內閣府、復興廳、文部科學省、厚生勞動省、農林水產省、經濟產業省、國土交通省、環境省、全國知事會、全國市長會、全國町村會爲後盾支援者，而知名企業也爲贊助者。

108. 東京大學的高階管理課程（executive management program，簡稱EMP）：將東京大學積蓄的智慧加以活用，爲培育開創次世代人才的課程。

109. 編註：因新冠疫情的緣故，原應在二〇二〇年舉辦的東京奧運，延至二〇二一年。

110. 亞伯拉罕．馬斯洛（Abraham Maslow）：美國心理學家。他以「需求層次理論」金字塔而聞名，並被譽爲是人本主義心理學之父。

BW0837

# 麥肯錫 X BCG 創造價值的問題解決力

原文書名／コンサルを超える 問題解決と価値創造の全技法
作者／名和高司
譯者／游念玲、童唯綺
選書企劃／鄭凱達
編輯協力／李晶
責任編輯／劉羽芩
版權／吳亭儀、林易萱、顏慧儀
行銷業務／周佑潔、林秀津、賴正祐、吳藝佳
總編輯／陳美靜
總經理／彭之琬
事業群總經理／黃淑貞
發行人／何飛鵬
法律顧問／台英國際商務法律事務所 羅明通律師
出版／商周出版
臺北市 104 民生東路二段 141 號 9 樓
電話：(02) 2500-7008 傳真：(02) 2500-7759
E-mail: bwp.service @ cite.com.tw
發行／英屬蓋曼群島商家庭傳媒股份有限公司 城邦分公司
臺北市 104 民生東路二段 141 號 2 樓
讀者服務專線：0800-020-299 24 小時傳真服務：(02) 2517-0999
讀者服務信箱 E-mail: cs@cite.com.tw
劃撥帳號：19833503 戶名：英屬蓋曼群島商家庭傳媒股份有限公司城邦分公司
訂購服務／書虫股份有限公司客服專線：(02) 2500-7718；2500-7719
服務時間：週一至週五上午 09:30-12:00；下午 13:30-17:00
24 小時傳真專線：(02) 2500-1990；2500-1991
劃撥帳號：19863813 戶名：書虫股份有限公司
E-mail: service@readingclub.com.tw
香港發行所／城邦（香港）出版集團有限公司
香港灣仔駱克道 193 號東超商業中心 1 樓
E-mail: hkcite@biznetvigator.com
電話：(852) 2508-6231 傳真：(852) 2578-9337
馬新發行所／城邦（馬新）出版集團
Cite (M) Sdn. Bhd.
41, Jalan Radin Anum, Bandar Baru Sri Petaling, 57000 Kuala Lumpur, Malaysia
電話：(603) 9057-8822 傳真：(603) 9057-6622 E-mail: cite@cite.com.my
封面設計／黃宏穎
內頁美編／張芷瑄
印刷／韋懋實業有限公司
總經銷／聯合發行股份有限公司
新北市 231 新店區寶橋路 235 巷 6 弄 6 號 2 樓
電話：(02) 2917-8022 傳真：(02) 2911-0053

國家圖書館出版品預行編目 (CIP) 資料

麥肯錫 X BCG 創造價值的問題解決力 / 名和高司著；游念玲，童唯綺譯. -- 初版. -- 臺北市：商周出版：英屬蓋曼群島商家庭傳媒股份有限公司城邦分公司發行，2023.12
面； 公分
譯自：コンサルを超える 問題解決と価値創造の全技法
ISBN 978-626-318-969-0( 平裝 )

1.CST: 企管顧問業 2.CST: 企業經營

489.17 112020098



■ 2023 年 12 月 19 日初版 1 刷

Printed in Taiwan

定價 600 元 
ISBN：978-626-318-969-0（紙本） ISBN：9786263189652（EPUB）

城邦讀書花園
www.cite.com.tw